帽儿山森林生态系统土壤 动物及土壤碳通量 动态研究

张利敏 著

U0350429

中国财经出版传媒集团

经济科学出版社
Economic Science Press

图书在版编目（CIP）数据

帽儿山森林生态系统土壤动物及土壤碳通量动态
研究/张利敏著 . —北京：经济科学出版社，2019. 3
ISBN 978 - 7 - 5218 - 0434 - 8

Ⅰ. ①帽…　Ⅱ. ①张…　Ⅲ. ①森林生态系统 - 土壤
生物学 - 动物学 - 研究②森林生态系统 - 土壤 - 碳 -
储量 - 研究　Ⅳ. ①Q958. 113②S153. 6

中国版本图书馆 CIP 数据核字（2019）第 059251 号

责任编辑：刘　莎
责任校对：隗立娜
责任印制：邱　天

帽儿山森林生态系统土壤动物及土壤碳通量动态研究

张利敏　著

经济科学出版社出版、发行　新华书店经销
社址：北京市海淀区阜成路甲 28 号　邮编：100142
总编部电话：010 - 88191217　发行部电话：010 - 88191522
网址：www. esp. com. cn
电子邮件：esp@ esp. com. cn
天猫网店：经济科学出版社旗舰店
网址：http：//jjkxcbs. tmall. com
固安华明印业有限公司印装
880×1230　32 开　5.5 印张　110000 字
2019 年 3 月第 1 版　2019 年 3 月第 1 次印刷
ISBN 978 - 7 - 5218 - 0434 - 8　定价：23. 00 元

前　　言

　　土壤动物是指在生命周期中有一段时间稳定地在土壤中渡过，而且对土壤能产生一定影响的动物，是土壤中和落叶下生存着的各种动物的总称，种类极其丰富，分布非常广泛。土壤动物主要属无脊椎动物，包括环节动物、节肢动物、软体动物、线形动物、原生动物等等。它们是生态系统物质循环中的重要消费者和分解者，在其生命活动过程中，对土壤有机物质进行强烈的破碎和分解，一方面积极同化各种有用物质以建造其自身，另一方面又将其排泄产物归还到环境中不断改造环境。所以在土壤环境中生活的多种土壤动物，参与土壤的形成、发育、理化性状变化，在土壤肥力的形成和演变、有机物质的分解等多方面起着重要作用，同时也是土壤碳循环的重要一环。

岩石圈是地球上最大碳库，土壤碳通量是陆地碳库将碳素以 CO_2 形式归还大气的主要途径。土壤中的微生物、根系及土壤动物通过呼吸作用将碳释放到大气，然后再通过绿色植物的光合作用及生命活动将其固定在土壤中，亿万年来维持着一个较为稳定的水平。然而现阶段人类的活动，很大程度上改变了土壤碳通量，森林的过度砍伐和土地利用改变导致土壤呼吸已经成为陆地生态系统向大气释放二氧化碳的最大的源，土壤碳库逐渐变成碳源，生态系统的碳汇功能正在减弱，这已经对人类的生存和发展造成了严重的威胁，这种现状已经引起从政府到学术界的广泛关注。我们迫切需要对碳循环的各个环节进行深入研究，掌握其机理和现状，以对其发展变化进行准确预测。百年来，该领域的研究主要集中在地上部分，然而随着发展，越来越多的学者意识到，地下部分才是这个过程中最不确定的因素。而我们对这个部分，尤其是地下的土壤动物部分仍然知之甚少。

所以，本书从土壤生态学的角度出发，以典型温带森林为研究区域，选择水热条件及理化性质不同的森林生态系统，对该地区的土壤动物与土壤呼吸的特征及相互关系进行研究。本书阐述了温带森林土壤呼吸的变化规律，土壤动物群落结构的季节变化特征，并通过季节变化规律推断土壤呼吸与土壤动物群落结构多样性对温度变化的响应。这些研究结果将为土壤生态学研究工作者提供参考和借鉴。

　　本书是研究组对土壤动物与土壤碳循环关系研究的一个阶段性总结，系统介绍了我们在该研究过程中的研究方法和主要的研究成果。本书的所有章节均为张利敏所著，第四章土壤动物的研究结果由李娜提供和整理。

　　本书是国家自然科学基金项目"基于分子技术对不同有机碳输入方式下土壤线虫与微生物关系的研究（31670619）"和"东北典型温带森林大型土壤动物呼吸对气候暖化的响应（41101048）"，以及黑龙江省留学归国人员科学基金"基于分子技术对不同有机碳输入下土壤微食物网的研究（LC2018011）"等研究的基础上整理而成的主要成果，同时本书的出版也得到了哈尔滨师范大学研究生培养质量提升工程项目的资助。衷心感谢张雪萍教授的指导，感谢帽儿山森林生态系统国家野外科学观测研究站全体工作人员的支持，感谢李娜、王琳等同学的鼎力相助。

　　由于作者水平有限，难免有错误和疏漏之处，敬请读者批评指正！

张利敏

2019 年 3 月于哈尔滨

目　　录

第一章　绪论 ……………………………………… 1

　　第一节　研究目的意义 ……………………………… 1

　　第二节　国内外研究概况、水平和发展趋势 …………… 4

　　第三节　研究主要内容 ……………………………… 21

第二章　研究区概况及研究方法 …………………… 26

　　第一节　研究区概况 ………………………………… 26

　　第二节　研究方法 …………………………………… 30

第三章　土壤呼吸及土壤异养呼吸与温度及

　　　　　湿度的关系 ………………………………… 38

　　第一节　实验设计与方法 …………………………… 38

第二节　实验结果 ……………………………………………… 41

第三节　讨论与结论 ……………………………………… 51

第四章　土壤动物群落季节变化动态 ……………… 56

　　第一节　实验设计与方法 …………………………… 56

　　第二节　实验结果 ………………………………………… 58

　　第三节　讨论与结论 ……………………………………… 80

第五章　土壤速效养分季节变化动态 ……………… 84

　　第一节　实验设计与方法 …………………………… 84

　　第二节　实验结果 ………………………………………… 86

　　第三节　讨论与结论 …………………………………… 103

第六章　土壤呼吸与土壤动物相互关系 ………… 107

　　第一节　实验设计与方法 ………………………… 107

　　第二节　实验结果 ……………………………………… 109

　　第三节　讨论与结论 …………………………………… 124

第七章　主要结论与展望 ……………………………… 129

参考文献 ……………………………………………………… 138

后记 …………………………………………………………… 164

第一章

绪　　论

第一节　研究目的意义

全球气候变化已成为科研工作者、政府机关乃至国际社会非常关注的领域（方精云，2000）。它对生态系统生产力、植物群落结构和土壤生化过程都产生了非常深刻的影响（IPCC，2007）。全球气候变化归根结底是全球碳循环发生变化的结果（Cox et al.，2000）。土壤碳库是陆地生态系统中最大的碳库，以有机形式储存于土壤中的碳有 1 400 ~ 1 500PgC，远远多于陆地植被碳库（500 ~ 600PgC）和全球大气碳库（750PgC）（Schlesinger，1990）。土壤表面 CO_2 通量（Soil surface CO_2

flux，RS)，即通常所指的土壤呼吸（soil respiration），是陆地生态系统最大的碳通量（Schlesinger and Andrews，2000），占大气 CO_2 年输入量的 20% ~ 40%（Raich and Schlesinger，1992），是化石燃料释放 CO_2 的十倍之多（Schimel et al.，1996），其数量的微小改变也会对大气 CO_2 浓度产生很大影响（Schlesinger and Andrews，2000）。土壤异养呼吸（土壤动物呼吸及土壤微生物呼吸）是土壤呼吸的重要组成部分，作为土壤有机碳的气态损失的直接途径，是评价土壤碳收支的关键环节（花可可等，2014）。

　　土壤动物及土壤微生物是土壤生态系统分解作用和养分转化的重要调节者（Neher，2001；Ritz and Trudgill，1999；Yeates，2003）。在全球变化过程中，有机体要生存必须具备一个负反馈机制，使有机体的内部环境不随外部环境的变化而剧烈变化，从而使整个有机体基本保持稳定（Kooijman，1995）。在对微生物的研究过程中，已经发现了这一机制，气候变暖引起土壤微生物类群比率（真菌/细菌）变化、增强土壤真菌的优势，微生物群落结构发生相应改变（张卫健等，2004），而这些改变使得全球性的气温升高对总微生物量的影响并不明显（张乃莉等，2007）。于强等（2010）对内蒙古草原生态系统的研究也表明在群落尺度上，共协稳定的物种有更高和更稳定的生物量，由共协稳定物种主导的生态系统有更高的生产力和更大的稳定性（Yu et al.，2010）。作为土壤生态系统有机体的重要组成部分，土壤动物数量及群落结构会在全球变暖背景下产生何种响应，这种变化是否会对土壤异养呼吸及土壤碳收支产生影响，土壤异养呼吸与土壤动物群落结构变化之间是否也具有这样一个维持动态平衡的机制等等是本研究想要解决的问题。因此，本研究采用时间代空间的方法，通过对土壤动物群落结构及土壤异养呼吸季节动态的研究来揭示土壤动物对全球暖化的响应机制，探究基于群落水平的土壤动物群落结构是否与温度变化之间存在着一种趋于保持系统稳定的动态平衡，这不仅对于估算生物学过程在东北森林生态系统碳收支中的作用非常关键，而且对于评测中国陆地生态系统在全球碳循环的功能和地位也有着极其重要的意义。

森林生态系统作为陆地生物圈的主体，其本身系生态系统重要的碳库，占全球植被碳库的86%以上，同时也维持着巨大的土壤碳库，约占全球土壤碳库的73%（Post and Emanuel，1982）。位于中高纬度的东北森林，林地面积占全国的31.4%，是中国森林碳库主要分布地区之一（全国森林资源统计，1996）。且研究表明，随纬度升高，呼吸作用在生态系统碳平衡中占的地位越来越重要（Valentini et al.，2000）。因此对于东北森林，尤其是东北东部的天然次生林（主要分布在黑龙江省）的土壤呼吸及土壤异养呼吸的研究对于了解森林碳库的形成机制、揭示全球碳循环动态具有重要意义（杨金艳和王传

宽，2006；杨阔和王传宽，2010；国庆喜等，2010）。国内对
不同森林类型的土壤动物生态功能特征已经有过部分研究（柯
欣等，1999；张雪萍等，2001，2005；殷秀琴等，2007），但
对土壤动物在森林生态系统碳循环中的作用鲜有报道，且以往
的研究多数都是针对各种森林类型独立进行的，分析和对比研
究结果时，难以排除立地条件的影响。因此本研究通过对帽儿
山同一地点水热条件不同的森林生态系统的土壤动物群落结构
及其呼吸释放碳通量的研究，将不同森林生态系统土壤动物群
落结构的季节变化与土壤碳动态联系起来，使得在土壤动物生
态功能研究方面更具有针对性。

第二节　国内外研究概况、水平和发展趋势

一、土壤碳通量

（一）土壤呼吸及其组分界定

土壤呼吸即土壤表面 CO_2 通量，是陆地生态系统碳循环的
重要环节，是陆地生态系统将碳素以 CO_2 形式归还大气的主要

途径（陈全胜等，2004）。土壤呼吸包括三个生物学过程和一个非生物过程（见图1-1）：生物过程包括土壤根系呼吸、土壤动物呼吸和土壤微生物呼吸；非生物过程主要指土壤含碳物质的化学氧化过程（Singh and Gupta，1977），明确各组分在土壤呼吸中的贡献是碳循环研究和全球变化模拟中的一个课题。根系呼吸是指活根组织等通过代谢把光合作用合成的碳水化合物氧化分解，释放出CO_2的过程，也称自养呼吸，其代谢底物

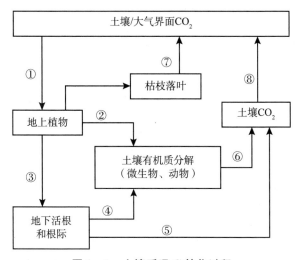

图1-1　土壤呼吸C转化过程

注：①光合作用生产有机物质，净植物生产力；②地上植物残体返回土壤；③分配到植物根系的C；④根系凋落物及分泌物；⑤活根及根际微生物呼吸；⑥土壤微生物及动物呼吸；⑦凋落物呼吸；⑧土壤表面CO_2释放，即土壤总呼吸。

资料来源：王兵艾，2011。

来自植物地上部分。土壤中有机质、枯枝落叶、死根等在微生物及土壤动物的生命活动下，一部分被分解释放 CO_2，另一部分被微生物及土壤动物用于自身合成的过程，称土壤异养呼吸，其利用的是土壤中的有机或无机碳（王兵等，2011）。

土壤自养呼吸和异养呼吸是全球碳平衡中的重要组成部分，对二者进行分离量化有利于准确估算生态系统的净初级生产力和净生态系统生产力及生态系统的碳素周转率，对于定量研究生态系统地下碳通量和碳分配具有重要意义，同时有助于认识全球变化条件下可能形成的不同的碳通量的变化格局（Raich and Schlesinger，1992；Bond - Lamberty et al.，2004；Boone et al.，1998；Pregitzer et al.，2000；王兵等，2011）。但由于研究对象本身的差异性及复杂性，只能得到粗略的结果。就现有的研究结果来看，二者在土壤呼吸中所占比例在不同地区差异十分显著。不同纬度森林生态系统土壤自养呼吸贡献不同，高纬度的北方森林自养呼吸在土壤碳通量中所占比例较大，可达62% ~ 89%（Ryan et al.，1997）；温带落叶阔叶林中土壤自养呼吸在土壤呼吸中所占比例为33% ~ 50%（Bowden et al.，1993）；在热带森林中该比例为10% ~ 50%（Hanson et al.，2000）。不同植被类型土壤自养呼吸贡献不同，温带地区的阔叶林中根系呼吸占土壤呼吸的33% ~ 50%（Bowden et al.，1993）；针叶林中根系呼吸占土壤呼吸比例为35% ~

62%（Strirgl and Wickland，1998；Ewel et al.，1987）；草原生态系统根系呼吸所占比例为 17% ~ 40%（Buyanovsky et al.，1987）；而农田生态系统中该比例为 12% ~ 38%（Buyanovsky and Wagner.，1995；Singh et al.，1988；Paustian et al.，1990）。这种差异可能是由于生态系统、物种或者处于演替阶段的差异引发的，也可能是由于测定方法的不同造成的。

目前为止，尚无标准方法量化土壤呼吸各组分，常用的方法包括以下几种：根系分离测定法、根生物量外推法、根系去除比较法、同位素法、室内培养分析法、间接测定法、组分综合法等方法（Hanson et al.，2000；唐罗忠，2008；王兵等，2011）。其中同位素法对样地干扰小，可原位分离根呼吸和微生物呼吸，结果相对准确，具有不可替代的优势，但高成本、分析困难减弱其实用性；根系去除法由于对土壤结构造成扰动，通常会加剧土壤微生物的呼吸作用，从而导致对根系呼吸量的估计偏低，但能有效区分土壤各组分呼吸，实用性较强（Kuzyakov，2006；Rochette and Flsnagan，1997）；根系生物量回归法可以对许多测点进行同时测定，但得出的根系呼吸量比例有时偏高（Kuzyakov，2006）；间接测定法需要建立所测指标与土壤呼吸间的定量关系，一般只适用于特定的生态系统（王兵等，2004）。

（二）土壤呼吸的温度敏感性

许多研究表明，土壤呼吸和温度之间具有显著的相关关系（Bond – Lamberty，2010），主要有线性关系（Witkamp，1966；Froment，1972；Gupta and Singh，1981；Lessard et al.，1994）、二次方程关系（Fang and Moncrieff，2001）、乘幂关系（Kucera and Kirkham，1971；Lomander et al.，1998；Fang and Moncrieff，2001）、指数关系（Kucera and Kirkham，1971；Norman et al.，1992；Lloyd and Taylor，1994；Raich and Potter，1995；Landsberg and Gower，1997；Lavigne et al.，1997；Davidson et al.，1998；Luo et al.，2001；Fang and Moncrieff，2001；Wang et al.，2002）、逻辑斯蒂方程（Logistic）（Schlesinger and Jones，1984；Jenkinson et al.，1991）和阿伦尼乌斯方程（Arrhenius）（Johnson and Thornley，1985；Lloyd and Taylor，1994；Fang and Moncrieff，2001；Bond – Lamberty et al.，2004）等。

人们通常采用土壤呼吸的温度敏感性（Q_{10}）来表示土壤呼吸对温度变化的反应强度（Lundegårdh，1927）。伦德高（Lundegårdh）研究表明土壤呼吸在10℃~20℃时Q_{10}值为2，自此，Q_{10}方程被广泛用于土壤呼吸的估算，且许多生态学模型均采用单一固定的Q_{10}值（Fung et al.，1987）。但实际上，土壤呼吸对温度变化的反应不是一成不变的，在不同的温度条件下，温度敏感性往往是不同的（Wang et al.，2002；Lloyd and Taylor，1994；Kirschbaum，1995）。基施鲍姆（Kirschbaum）总结分析表明：土壤温度敏感性受温度影响明显，低温时比较高，高温时比较平稳。20℃以上 Q_{10} 值在 2 左右，0℃时却高于 8（Kirschbaum，1995）。尼可林斯柯（Niklińsk）等研究表明，在10℃~15℃范围时，土壤呼吸的 Q_{10} 值大于 5，但在 25℃，Q_{10} 值约为 1（Niklińsk et al.，1999）。基思（Keith）等研究发现，澳大利亚东部一个桉树林，在没有水分限制的条件下温度高于10℃时 Q_{10} 值为 1.4，而温度低于10℃时则为 3.1（Keith et al.，1997）。

　水分对土壤呼吸的 Q_{10} 值也有显著影响。戴维森（Davidson）等在1998年研究表明排水良好的北美硬木林 Q_{10} 值较低，湿润地段的 Q_{10} 值较高（Davidson et al.，1998）。科南特（Conant）等在2004年发现在5℃~35℃范围内，荒漠生态系统 Q_{10} 值随土壤水势增加而增大（Conant et al.，2004）。史密斯（Smith）在2005年研究表明，寒带地区温度在5℃~20℃，含水量在20%~100%时，土壤呼吸 Q_{10} 值随含水量增加而增大（Smith，2005）。此外，呼吸底物质量（Ågren and Bosatta，2002；Fierer et al.，2005），植物根系活动和土壤微生物群落（Zogg et al.，1997；Dalias et al.，2001；Zhang et al.，2005）等均会对 Q_{10} 值产生影响。由此可见，虽然温度升高使土壤碳通量排放增加，但是土壤呼吸的温度敏感性是随环境因子而变化的。土壤呼吸与温度之间的正反馈关系在一定程度上会受到限制，如果采用单一固定的 Q_{10} 值进行拟合，将会导致土壤碳损失预测偏高，所得结果会存在较大的误差（陈全胜等，2004）。

二、土壤动物

（一）土壤动物生态功能

土壤动物是指其生命史中有一段时间稳定地在土壤中度过，并对土壤有一定影响的动物，按体长分为 3 个类型（Swift et al.，1979；Jones et al.，1994；Lavelle et al.，1997；尹文英，2001；邵元虎和傅声雷，2007）。

小型土壤动物：体长小于 0.2mm，主要是属于原生动物鞭毛虫、变形虫、纤毛虫等，都生活在高湿的土壤中。小型土壤动物最重要的作用是作为微生物的取食者，调节微生物的群落结构和生物量。

中型土壤动物：体长在 0.2~10mm，包括线虫、轮虫、螨类、综合纲、无翅昆虫亚纲的弹尾目、双尾目、原尾目及部分有翅亚纲的小型昆虫等，中型土壤动物使凋落物破碎，增大微生物分解的接触面积。

大型土壤动物：体长一般在 10mm 以上，大部分土壤昆虫和其他土栖节肢动物都属此类，多足类、蛞蝓、蜗牛、甲虫及蜘蛛等都是典型的大型土壤动物。大型土壤动物通过排泄、掘穴、取食和消化等对土壤过程产生影响，通过改变土壤结构而改变资源的可利用性。

绝大多数土壤动物身体微小，通常不引人注意，然而它们的数量惊人、生物量巨大，是陆地生态系统的重要组成部分（李天杰等，1983）。作为生态系统中重要的消费者和物质分解者，土壤动物在土壤有机质的形成、残体的分解、土壤理化性质的改变等方面起着极其重要的作用。它们的生存、取食、活动对土壤形成、发育及土壤物质迁移、能量转化等方面有重要的影响（孙濡泳，1987）。土壤动物存在于相对稳定的土壤环境中，受人类影响较小，可以真实地反映环境变化及生态系统的基本状况，是相对稳定的环境指示因子（Bongers and Ferris，1999；Ekschmitt et al.，2001；Ferris et al.，2001）。由此可见，土壤动物在生态系统中具有不可替代的特殊意义，其功能的充分发挥是生态系统物质良性循环的有力保证。

土壤动物不仅能为土壤持续提供养分，而且可以减缓土壤退化及促进土壤恢复，其中以蚯蚓的作用最为明显（朱立安和魏国秀，2007）。此外，大多数土壤动物属于变温动物，对土壤环境变化敏感，因而是衡量土壤生态系统健康状况的指标之一（Hooper et al. , 2001）。蚯蚓不仅在土壤中分布广泛、体形较大，而且易于养殖，公众对其具有较高的认可度。蚯蚓对土壤有机物质的分解、转化具有重要作用，同时其挖掘活动可以创造土壤空隙，增加土壤通气透水性及保水功能，促进土壤氮、磷、钾的有效性，蚯蚓通过排泄产生粪粒，能够提高土壤腐殖化作用。蚯蚓通过与其他土壤动物和微生物共同作用，破碎有机凋落物、分解和混合土壤有机质，改变有机质的空间分布，使其呈斑块状分布，提高土壤肥力。蚯蚓可促进土壤团聚体形成，可以影响植物从土壤中吸收养分，进而影响植物的生长繁殖，间接改变植物群落组成。

线蚓是一类非常重要的湿生土壤动物类群，主要取食有机碎屑，对植物营养元素起着再循环的作用，虽然其挖掘能力不如蚯蚓，但可以把腐殖质和土壤分解得更细（孙儒泳，1987），并能为空气和水流通提供渠道，线蚓在土壤中可以产生有利于水稳性团聚体形成的"微海绵"结构。

弹尾纲（Collembola）是节肢动物门（Arthropoda）的一个分支，是一类分布极广的小型内口式六足动物，也称跳虫、弹尾虫。在 4 亿年前的泥盆纪发现的跳虫化石，是最早的陆地动物记录之一。自林内（Linné）于 1758 年首次发现跳虫，人们从来没有停止过对跳虫的描述，在 2009 年 7 月，全世界已命名的跳虫种类达 7 978 种，随着跳虫种类的增多和其在六足动物中的特殊地位，弹尾纲作为一个独立的分支从狭义的昆虫纲中分离出来（Deharveng，2004）。跳虫的物种多样性取决于生境和食性的多样性。跳虫种类众多、数量巨大，其能积极参与凋落物的分解，对于促进碳和氮等物质循环和能量流动、土壤微团聚体形成、维护土壤生态系统和土壤理化性质稳定与降低土壤重金属和污染物的毒性起着重要作用，此外，其可作为土壤环境的指示生物。

螨类在土壤中分布广泛，类群丰富、密度大，积极调控土壤动物群落结构。螨类种类组成、密度与土壤性质及植被的变迁、环境的变化密切相关，因其数量多、分类多样化，在自然界常被作为易受干扰的生物群落，它可反映环境的细微变化。蜱螨目作为土壤中的优势类群，和弹尾目一起反映不同地带土壤动物的分布特征。

（二）土壤动物对 C 循环的影响

陆地生态系统的功能在很大程度上依赖于碳（C）的分配格局与过程，以及伴随这个过程中的物质循环（Schlesinger，1999），而一百年来生态学的探索和发展主要集中在地上部分。然而，当今的生态学家已经越来越强烈地认识到，鲜为人知的地下部分已成为生态系统结构、功能与过程研究中最不确定的因素，因而严重制约着生态系统与全球变化研究的理论拓展

（Wall et al.，2008；Rouifed et al.，2010；Barrett et al.，2008；
Butler et al.，2008）。

目前，在土壤动物分类学研究日益完善的基础上，土壤动物多样性与功能研究也越来越引起人们重视（Wall et al.，2010；Heemsbergen et al.，2004；Díaz et al.，2009；张雪萍等，2001，2005）。土壤动物与微生物之间存在竞争和捕食等相互作用，通过土壤生态系统碎屑食物网调节土壤生物群落的数量及结构组成，进而通过改变食物网结构和分解途径来影响土壤生态系统功能，因此土壤动物是土壤生态系统分解作用和养分转化的重要调节者（Neher，2001；Ritz and Trudgill，1999；Yeates，2003）。土壤腐屑食物网主要由资源基质——→土壤微生物（细菌、真菌）——→食微动物（原生动物、食细菌线虫、食真菌线虫等）——→捕食性土壤动物组成（Wardle et al.，2004）。植物和土壤有机质中的碳通过初级消费者（细菌/真菌或植食性动物）进入食物网，而次级消费者和三级消费者则通过取食作用来消耗和固定土壤中的碳。初级消费者占优势的土壤食物网由于其周转和分解速率较快，因此土壤碳损失量大（Blago-datskaya and Anderson，1998）。而食物网中营养级较高的土壤生物占优势时，则更多的碳被固定在生物量中，逐渐转化为不易分解的碳或保存在微团聚体中（Fu et al.，2000）。虽然我们对土壤食物网中各生物类群之间的正、负反馈作用有了一些认识，但是由于研究方法和技术手段的限制，土壤动物多样性的变化对生态系统的功能会产生什么样的影响还很难定论，需要长期的实验评估生物多样性和生态系统功能在时间上的稳定性。对土壤动物群落结构多样性与其呼吸的耦合关系进行研究可以深化土壤碳循环的相关研究工作，从土壤生物学角度进一步揭示生态系统碳循环的规律和机理。

（三）土壤动物呼吸与全球变化

近年来，土壤呼吸对气候变化的响应研究日益得到关注（Melillo et al. , 2002；Monson et al. , 2006；Davidson and Janssens, 2006；Heimann and Reichstein, 2008；Dorrepaal et al. , 2009；Bond – Lamberty and Thomson, 2010）。几乎所有全球气温改变的模型都预测气温的升高会导致土壤中碳的损失（Schlesinger and Andrews, 2000）。但是由于土壤呼吸是包括植物根系、土壤生物和菌根呼吸作用所放出的 CO_2 总和，是一个复杂的生态过程（Raich and Schlesinger, 1992），因此，其对温度的响应规律和机制仍不清楚（Davidson et al. , 2006），在全球碳动态的估算模型中，仍存在着 25% 左右的误差（Schimel et al. , 1996；Del Grosso et al. , 2005）。据推测这些误差很大程度上是生物因子产生的。土壤动物呼吸是土壤异养呼吸的重要组成部分，佩尔松（Persson）在 1989 年综合文献发现不同生态系统中土壤动物呼吸在土壤异养呼吸中均占有一定比例：在针叶林中占 1% ~ 5%；在落叶林中占 3% ~ 13%；在湿地草原占 5% ~ 25%（Persson，1989）。沙佛（Schaefer）在 1990 年也发现土壤动物贡献了异养呼吸的 11%（Schaefer，1990）。在全球变暖的背景下，土壤动物与碳循环之间的关系变得尤为重要，尽管我们已经认识到土壤动物是生态系统重要的分解者（Wardle，1995；Wardle et al.，2004；Lenoir et al.，2007；Barrett et al.，2008；Wall et al.，2008；Ayres et al.，2009；Wall et al.，2010；Rouifed et al.，2010），但它们在全球分解模型中的贡献仍是不清楚的（Vemap，1995；Moorhead et al.，1999；Gholz et al.，2000）。为明确土壤动物在生态系统中的功能，科学家们也做了一些探索（Lavelle et al.，1997；Swift et al.，2004；Kibblewhite et al.，2008），然而这些模型至多是半量化的，更重要的是这些研究都是限定于具体的生态系统，不能递推到更大的区域尺度，或者不能对气候变化所引发的物理环境因子的改变做出响应（Wall et al.，2008）。为了将土壤动物引入将来的全球分解模型，将土壤动物呼吸进行分离量化，并通过实验的手段研究其与非生物因子之间的关系，对土壤动物在碳循环中的作用进行深入研究是非常必要的。这有利于进一步揭示全球变化条件下全球的碳动态，同时能够解释土壤呼吸区域间的差异。

（四）土壤动物结构和功能的影响因素

森林土壤动物群落结构和功能，既受自身类群特征和生命周期的制约，又受生存环境的影响。微气候条件、植被类型、土壤环境与立地等因素构成土壤动物栖息的环境。不同的生境影响着土壤动物种群密度、群落水平结构、垂直结构及多样性。在不同的环境中，影响土壤动物群落结构的主导环境因子不同。

1. 温度

温度是调节陆地生态系统生物地球化学过程的重要因子（Raich and Schlesinger，1992）。C 循环的主要过程，如植物 C 的同化与分配、凋落物积累与分解、土壤呼吸与 C 释放等，都受温度的调节作用（Schlesinger，1997）。土壤中的热量主要来自太阳辐射与大气之间进行的频繁能量交换，土壤温度有季节变化和昼夜变化，地面温度在白天和夏天高，而在夜晚和冬天低，日、年变化明显，这些变化一般随深度增加而递减。多数土壤动物的最适温度为15℃~45℃，超出这个范围，土壤动物生存将会受到抑制，甚至死亡。

土壤生物对温度的敏感性明显高于地上部分的生物，很小的增温幅度都会引起地下生理生态过程的改变（Ingram，1998）。大约30年前，斯威夫特（Swift）就提出土壤动物对分解的贡献随气候区而不同，中纬度地区最大，向低纬和高纬递减（Swift et al.，1979）。沃尔（Wall）等在 2008 年也表明，土壤动物的分解作用是受气候因子影响的（Wall et al.，2008）。这样的结果使得预测全球变化背景下土壤对 CO_2 的吸收或排放更加困难。鉴于土壤动物的可移动性和与环境变化的密切关系，在野外实施增温实验很难保证其与环境的自然变化，因此本研究采用时间代空间的方法，以季节变化推断其对气温变化的响应。关于土壤动物群落结构的季节变化，已经有过部分研究（Doblas – Miranda et al.，2009；Makkonen et al.，2011；柯欣等，2003；王军等，2008）。大多是对土壤动物群落结构季节变化的简单描述，很少有人从全球变暖的角度分析土壤动物群落结构变化与碳平衡的关系。

2. 地形地貌

地形地貌是影响土壤水热状况的重要因素，主要表现为太阳辐射在不同坡度和坡向的分配差异，从而对土壤温度产生影响，进而引起土壤湿度和植被覆盖状况不同。北半球南坡为阳坡，接受的太阳辐射较多，土温较高，土壤较为干燥，北坡恰好相反。小生境的差异是改变土壤动物区系的重要因素，由于受到坡向和微地形条件影响，小生境的生物因子和非生物因子组合特征可以决定土壤动物的空间分布格局。刘继亮等研究表明，在小尺度范围，林地的坡向和地形部位对土壤动物群落空间分布格局产生了重大影响，但不同土壤动物类群对相同坡向和地形部位的响应存在明显差异，这种差异可能与不同类群土壤动物种类特征和生活习性等方面的差别密切相关（刘继亮和李锋瑞，2008）。在山地环境中，由于自然景观的垂直地带性非常明显，土壤动物的类群和密度都比较丰富，且土壤动物密度随海拔增高和自然景观更替而递减，但也有研究者认为，土壤动物在海拔分布上与气候、土壤和植被等垂直分布相关性不显著（佟富春等，2003）。

3. 土壤理化性质

土壤环境是地球陆地表面连续覆盖的土壤圈层，土壤有机质、氮、磷、钾和 pH 等环境因子是土壤生态系统的重要组分。

土壤酸碱性是土壤各种化学性质的综合反应，是土壤最重要的化学性质，也是表征土壤肥力的重要因素之一。土壤酸碱度用 pH 值表示，pH 值受气候、母质、地形及生物等因素的影响。它不仅影响土壤有机质的合成和分解、矿质元素的存在状态、转化和释放，微量元素的有效性，而且影响土壤动物在土壤中的分布、生存、发育和活动。孙儒泳研究表明：土壤 pH 值是土壤动物分布的限制因素，多数土壤动物适宜在微酸性和近中性的土壤中生存（孙儒泳，1987）。宋博认为：土壤 pH 值对土壤动物数量影响较大，pH 值高的地方土壤动物个体数较少，在中性以上 pH 值的土壤中，土壤动物密度与 pH 值呈负相关（宋博等，2007）。pH 值中性的土壤有利于土壤动物生存，土壤动物多样性指数和丰富度指数高，相反 pH 值高的土壤中土壤动物优势度指数高。

土壤有机质是土壤的重要组成部分，包括土体中植物残体和植物分泌物与土壤动物和土壤微生物及其分泌物，是土壤形成的重要标志，其含量多少是衡量土壤肥力丰富与否的重要标志。对土壤肥力、土壤微生物的活动、土壤有机质的合成和分解、各种营养元素的转化和释放、微量元素的有效性以及土壤动物在土壤中的分布都有着重要的影响。土壤有机质按分解程度分为新鲜有机质、半分解有机质与腐殖质。腐殖质指新鲜有机质经微生物分解转化而成的黑色胶体物质，一般占土壤有机质的 85% ~90% 以上。土壤有机质是土壤中各种养分元素的重要来源，改善土壤物理和化学性质，促进土壤团聚体的形成，影响土壤动物的分布、密度与活动，一般而言，土壤有机质含量越高，土壤动物密度和类群数也越大。

氮是土壤养分的最重要组成要素之一，是土壤可利用养分的重要来源，对土壤健康起重要作用。分析土壤全氮与其他形态氮的含量是评价土壤健康与否的重要依据；氮素也是生物的基本组成成分，存在于多种有机物质中。速效氮在湿润环境下容易流失，可被土壤动物利用的量很少，而土壤全氮可以保存在土壤矿物质和有机残体中，能够缓慢地释放出来供动植物利用，土壤全氮是土壤氮素总量和供应植物有效氮的源和库，能够综合评价土壤的氮素基本状况（李菊梅等，2003），是反映土壤肥力和健康状况的重要指标，因此全氮对土壤动物的生存起着至关重要的作用。

土壤全磷含量体现土壤肥力的大小；速效磷，也称为土壤有效磷，是土壤中可以被植物吸收利用的磷，包括全部水溶性磷、部分吸附态磷及有机态磷，有的土壤中还包括某些沉淀态磷。磷素对土壤动物的生长和土壤肥力也产生一定的影响。

为此，我们采用长期定位跟踪实测的方法，在东北林业大学帽儿山森林生态定位站，选择水热条件及理化性质不同的森林生态系统，采用 Li－6400 便携式 CO_2/H_2O 分析系统，对土壤异养呼吸进行分离量化，并对土壤动物群落结构的季节变化进行研究，通过季节变化规律推断土壤异养呼吸与群落结构多样性对温度变化的响应。通过土壤动物群落结构随温度的变化及土壤异养呼吸的温度敏感性之间的耦合关系为全球的碳收支的精确估算提供基础数据。

第三节　研究主要内容

本书以帽儿山森林生态系统为研究对象，研究探讨三个温带典型生态系统土壤呼吸、土壤异养呼吸的差异和变化及其与温度的关系；研究三个森林生态系统的土壤动物群落结构及多样性指数差异及其随温度的变化。进而分析土壤动物群落结构与土壤碳收支之间是否存在耦合关系。

一、研究内容

具体研究内容如下：

（一）土壤呼吸与土壤异养呼吸的时空动态及温度敏感性

（1）土壤呼吸及土壤异养呼吸季节变化：对土壤异养呼吸进行分离量化，分别于生长季（5～10月）各月对土壤异养呼吸及土壤呼吸进行测定，计算土壤异养呼吸在土壤呼吸中所占比例以及这种比例是否随温度而发生变化。

（2）土壤呼吸及土壤异养呼吸的拟合模型：计算土壤呼吸及土壤异养呼吸的温度敏感性，模拟土壤呼吸及土壤异养呼吸随温度的变化，为精确估算全球碳收支变化提供基础数据。

（3）土壤呼吸及土壤异养呼吸的影响因素：分析不同森林生态系统土壤呼吸及土壤异养呼吸的差异，采用典型对应分析及相关分析的方法，研究土壤呼吸及土壤异养呼吸与土

壤理化性质的关系，确定影响土壤呼吸及土壤异养呼吸的主
要因子。

（二）土壤动物群落结构多样性的时空动态

（1）土壤动物群落结构季节变化：研究土壤动物（大型、
中小型）群落结构多样性的季节变化，分析土壤动物的优势类
群是否随温度变化而发生变化，借此揭示土壤动物群落结构对
全球变暖的响应。

（2）土壤动物群落结构与环境的关系：比较不同林型土壤
动物群落结构多样性是否存在差异，这种差异与土壤理化性质
是否相关。

**（三）土壤动物群落结构及多样性与土壤呼吸及土壤异养
呼吸的耦合关系**

探究土壤呼吸、土壤异养呼吸与土壤动物群落结构多样性
的变化之间存在何种耦合关系，验证这种关系是否会随温度的
变化而变化，以及这种耦合关系会对气候暖化条件下的全球碳
收支产生的影响，从土壤生物学角度进一步揭示生态系统碳循
环的规律和机理，对于评测中国陆地生态系统在全球碳循环的
功能和地位也有着极其重要的意义。

二、研究的学术价值

本研究的科学意义集中表现在如下两个方面：

（1）本书选择了气候变化敏感地区（高纬度北方温带森林地区）的典型生态系统类型的土壤动物作为研究对象，研究土壤动物群落结构及多样性对气候响应及适应机制，从生物学角度深刻认识东北温带地区森林生态系统结构和功能对全球变化的响应，对从全球尺度上评价和预测全球暖化的生态效应具有重要的补充作用。

（2）本书以气候变化与生态系统碳循环为切入点，以对比试验、定位研究为主要手段，紧紧抓住当今生态学和全球变化科学中悬而未决而又亟待解决的前沿问题，从不同的角度来研究和验证森林生态系统对气候变化的响应和适应机理，有利于进一步推进森林生态系统结构和功能方面的研究。本书将土壤动物与碳循环过程进行耦合、分析其时空动态及控制机制，使土壤动物生态功能研究更具有针对性。

三、技术路线

试验主要由三部分组成：（1）测定土壤呼吸及土壤异养呼

吸；（2）采集土壤动物样品：对大型、中型土壤动物样品进行
分类鉴定，计算其群落结构多样性指数；（3）采集土壤样品，
测定土壤速效养分含量，并分析土壤速效养分的时空变化。

具体过程如图1-2所示：

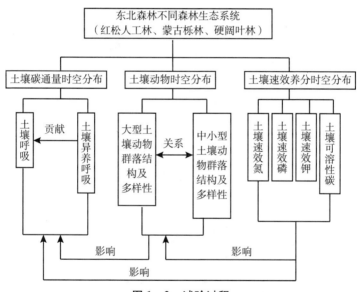

图1-2　试验过程

第二章

研究区概况及研究方法

第一节　研究区概况

东北东部地区是典型的温带季风气候，冬季寒冷干燥，夏季炎热湿润，土壤的温度、水分以及地表的覆盖植被都有十分明显的季节变化。因此选择黑龙江帽儿山森林生态站（45°24′N，127°28′E）为研究区域来测量土壤动物呼吸随温度的变化（见图 2 - 1）。该地区具有典型的大陆性温带季风气候，冬季寒冷干燥，夏季短促湿热，年降水量 772.9mm，年蒸发量 884.4mm，平均气温 2.8℃，年平均总日照时数 1 856.8h，无霜期为 120 ~ 140d。平均海拔 400m，地带性土壤为暗棕壤。

现有植被是东北东部山区典型的天然次生林。通过以往测量，该地区生长季温度范围在9℃～34℃，可以满足本实验对温度梯度的要求。

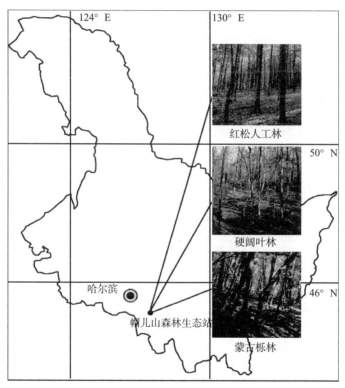

图2-1 实验样地位置示意

由于温度、水分、凋落物组成等均会对土壤动物产生影响，因此选择帽儿山同一地点的三种水热条件不同的森林生态系统——蒙古栎林、硬阔叶林和红松人工林布置样地（见图 2-1）。

在排除立地条件的影响下分析土壤动物群落结构及其呼吸释放碳通量与环境因子的关系，使得在土壤动物生态功能研究方面更具有针对性。三块样地的立地状况和植被组成见表 2-1、表 2-2（杨金艳和王传宽，2005，2006；刘爽和王传宽，2010）。蒙古栎林坡向为南坡，在温带地区南坡一般为阳坡，林冠郁闭度小，热量条件较好，坡度在三个样地中最大，土壤最干燥。红松人工林与硬阔叶林的立地条件相似，坡向均为北坡，林内郁闭程度较高，日照时间相对较少，林下较湿润。

表 2-1 实验样地的基本状况

样地类型		海拔（m）	坡度（°）	坡向	植被组成	
					乔木（优势种）	下木
硬阔叶林（YK）	I	402	7	南 South	1，2，3，4	5，6，7，8，9，10
	II	440	3	北 North		
	III	419	10	北 North		
红松人工林（HS）	I	452	14	西北 Norhtwest	(11)，12，2，13，14，4，1	6，15
	II	422	10	西北 Norhtwest		
	III	425	12	西北 Norhtwest		

续表

样地类型	海拔 （m）	坡度 （°）	坡向	植被组成	
				乔木（优势种）	下木
蒙古栎林 （MGL）	Ⅰ 466	23	南 South	（16），3，2， 1，14，12	5，17，6， 18
	Ⅱ 435	27	南 South		
	Ⅲ 448	20	南 South		

注：1. 黄檗 P. amurense；2. 水曲柳 F. mandshurica；3. 紫椴 T. amurensis；4. 胡桃楸 J. mandshurica；5. 暴马丁香 Syringa amurensis；6. 春榆 U. propinqua；7. 榛子 Corylus heterophylla；8. 稠李 Padus asiatica；9. 早花忍冬 Lonicera praeflorens；10. 卫矛 Evonymus sacrosancta；11. 红松 P. koraiensis；12. 白桦 B. platyphylla；13. 枫桦 B. costata；14. 山杨 P. davidiana；15. 山梨 Pyrus ussuriensis；16. 蒙古栎 Q. mongolica；17. 色木槭 A. mono；18. 鼠李 Rhamnus davuricus。

HS：红松人工林（Korean pine plantation forest）；YK：硬阔叶林（Hard-wood forest）；MGL：蒙古栎林（Mongolian oak forest）。

表2-2　　　　三种森林群落的土壤性质

林型	土层 （cm）	土壤性质			
		TOC（g·kg⁻¹）	TN（g·kg⁻¹）	BD（g·kg⁻¹）	pH
HS	0~10	70.9±2.4	4.17±0.45	0.75±0.07	6.18±0.67
	10~20	49.4±3.9	2.70±0.37	1.02±0.13	6.04±0.48
YK	0~10	113.5±11.3	8.09±0.76	0.51±0.07	6.29±0.66
	10~20	63.8±4.8	4.95±0.97	0.75±0.09	6.16±0.42
MGL	0~10	88.7±6.2	5.04±0.68	0.36±0.06	5.80±0.39
	10~20	55.6±3.9	2.01±0.33	0.80±0.09	5.96±0.41

注：TOC：土壤总有机碳（Total organic carbon）；TN：全氮（Total nitrogen）；BD：容重（Bulk Density）。

第二节　研 究 方 法

一、野外工作

（一）土壤生物取样

于 2012 年 5～10 月，每月对三种典型森林群落进行取样调查，在每种林型中各设置三块 20m×30m 样地，构成 3 个重复，按照多点混合取样法分别对 0～10cm 和 10～20cm 共 2 个层次取样，大型土壤动物取样面积为 50cm×50cm，3 点混合取样，采用手检法（见图 2－2）分离大型土壤动物，放入 75％酒精中固定，带回实验室在显微镜下进行分类鉴定；中小型土壤动物及土壤理化性质用直径为 5cm 的土钻 5 点混合取样，分别装入封口袋，带回实验室，用于中小型土壤动物分离及土壤微生物、土壤理化性质的测定。

图 2 - 2　手检法分离大型土壤动物

（二）土壤呼吸（RS）测定

2004 年 4 月中旬已在每个固定样地内随机布置 8 个内径为 10.2cm，高为 8cm 的 PVC 土壤环。用 Li - 6400 在 2012 年 5 ~ 10 月，每两周测定一次土壤呼吸。与此同时用数字式瞬时温度计测定 10cm 的土壤温度（Ts），并取 PVC 环附近土样，用烘干法测定土壤含水率（MC）。因 Li - 6400 便携式 CO_2/H_2O 分析系统在低温下难以运行，土温低于 0℃的非生长季未能测定 RS。

（三）土壤异养呼吸（RH）测定

采用挖壕法（Bond - Lamberty et al.，2004）测定 RH。在

三个生态系统的 9 块样地周围，距每个样地边界 2~3m 处随机选择 4 个 50cm×50cm 的小样方，挖壕深至植物根系分布层以下（一般为 55~75cm）；而后用双层厚塑料隔离小样方周围的根系；同时除去小样方内的所有活的植物体；最后安置 PVC 土壤环。土壤环的安置方法与前同。与常规的非挖壕样地的土壤呼吸测定同步，每两周测定一次挖壕样方内的 CO_2 通量。挖壕样方内的 CO_2 通量包括了微生物、土壤动物呼吸即异养呼吸 RH。该处理已于 2004 年 4 月初进行（杨金艳和王传宽，2006）。具体测定方法同 RS（见图 2-3）。

（a） （b）

图 2-3 土壤呼吸（a）和土壤异养呼吸（b）测定

（四）连续空气温度及土壤温度的测定

在研究样地邻近的气象观测场安装坎贝尔（Campbell Scientifc）数据采集器（Campbell Scientifc, Inc., Utah, USA），每 15 分钟记录一次，长期连续测定 10cm 土深处的土壤温度以及空气温度，用以估算土壤表面 CO_2（RS 和 RH）月均值及土壤动物取样时的瞬时值。

二、实验室工作

（一）土壤动物分类鉴定

中小型土壤动物样方运回实验室，采用干漏斗法（Tullgren法，见图 2 - 4）分离中小型干生（主要是弹尾目和蜱螨目）土壤动物。

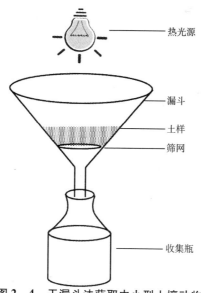

热光源

漏斗

土样

筛网

收集瓶

图 2 - 4　干漏斗法获取中小型土壤动物

鉴定所有土壤动物（大型、中小型），分类鉴定主要依据《中国土壤动物检索图鉴》进行。鉴定一般只对土壤动物分类到科或属，少数土壤动物鉴定到目或纲。统计土壤动物的类群和数量。

（二）土壤速效养分测定

具体测定指标和方法见表 2 - 3。

表 2 - 3　　　　　　　　土壤速效养分的测定方法

方法	标准名称	方法	仪器	型号	产地
速效 N （AN）	LY/T1229 - 1999 森林土壤水解性氮的测定	扩散法			
速效 K （AK）	LY/T1236 - 1999 森林土壤速效钾的测定	醋酸氨浸提法	电感耦合等离子体发射光谱	ICPS - 7500	日本岛津
土壤可溶性有机碳 （DOC）	GB/T5750.7 - 2006 总有机碳分析法	仪器分析法	总有机碳分析仪	TOC - VCPH	日本岛津
速效 P （AP）	LY/T1233 - 1999 森林土壤速效磷的测定	$NaHCO_3$ 浸提法	连续流动化学分析仪	SKALAR SAN + +	荷兰 SKALAR

三、数据处理方法

（一）土壤呼吸数据分析方法：

采用指数模型拟合 RS、RH（mol CO_2 $m^{-2}s^{-1}$）与 Ts（℃）之间的关系（Luo et al.，2001），即：

$$R = \alpha e^{\beta Ts} \qquad (2-1)$$

RS 及 RH 的 Q_{10} 通过下式确定（Xu and Qi，2001）：

$$Q_{10} = e^{10\beta} \qquad (2-2)$$

Ts 为 10cm 的土壤温度（℃）；α 是温度为 0℃ 时的土壤呼吸；β 为温度反应系数。

在上述模型拟合时，将 RS 及 RH 进行自然对数转换，以满足模型的线性和方差齐性需求。因受测定时间的限制，不可能对三种森林生态系统的 RS 及 RH 进行同步测定，而且其 Ts 也存在差异，因此根据拟合方程计算各样地土壤月均温及土壤动物和微生物取样时对应的 RS 及 RH 进行比较。采用单因素方差分析（One way ANOVA，LSD）检验立地条件及取样时间对三种群落土壤 RS 及 RH 的显著性影响；采用独立样本 T 检验分析土层深度对三种群落土壤 RS 及 RH 的显著性影响；采用双变量相关分析（Bivariate correlation analysis）方法分析温度与含水率与土壤 RS 及 RH 之间的关系，并建立线性回归模型。

（二）土壤动物群落结构及多样性的分析方法

土壤动物的香农—威纳（Shannon – Wiener）多样性指数（H′）、皮卢（Pielou）均匀度指数（E）、辛普森（Simpson）优势度指数（λ）和门希尼克（Menhinick）丰富度指数（R）根据如下公式计算（张雪萍等，2008）：

香农—威纳多样性指数（H′）：

$$H' = - \sum PilnPi \qquad (2 - 3)$$

皮卢均匀度指数（E）：

$$E = H'/lnS \qquad (2 - 4)$$

辛普森优势度指数（λ）：

$$\lambda = \sum (Pi)^2 \qquad (2 - 5)$$

门希尼克丰富度指数（R）：

$$R = lnS/lnN \qquad (2 - 6)$$

式中，S 为所有类群数；P_i 为第 i 种的多度比例；N 为所有类群个体数。

采用单因素方差分析（One way ANOVA，LSD）检验立地条件及取样时间对三种群落大型土壤动物优势类群，中小型土壤动物类群的显著性影响；双变量相关分析（Bivariate correlation analysis）方法分析温度及含水率与土壤动物类群个体密度以及多样性指数之间的相关性。

（三）土壤速效养分分析方法

采用单因素方差分析检验立地条件及取样时间对三种群落土壤速效养分（AN、AK、AP、DOC）的显著性影响；采用独立样本 T 检验分析土层深度对三种群落土壤速效养分显著性影响；采用双变量相关分析方法分析温度与含水率与土壤速效养分之间的关系，并建立线性回归模型。

（四）土壤呼吸与土壤动物的相互关系分析方法

采用双变量相关分析方法分析土壤呼吸、土壤生物个体密度及多样性以及与土壤速效养分之间的关系，采用典范对应分析（canonical correspondence analysis，CCA）对优势类群和常见类群的数量与土壤环境因子进行分析。

所有数据分析与作图采用 SPSS19.0、Sigmaplot10.0 及 CANOCO 4.5 软件。

第三章

土壤呼吸及土壤异养呼吸与
温度及湿度的关系

第一节 实验设计与方法

　　土壤碳库是陆地生态系统中最大的碳库，土壤呼吸（包括自养呼吸以及异养呼吸）是 CO_2 从生态系统释放到大气中的主要途径（Schlesinger，1990），其中异养呼吸即土壤动物及土壤微生物呼吸，是土壤呼吸重要组成部分，可占生态系统呼吸的 $60\% \sim 70\%$（Schimel et al.，2001）。对土壤呼吸及土壤异养呼吸进行深入研究是评价土壤碳收支的关键环节（花可可等，2014）。

森林生态系统作为陆地生物圈的主体，维持着巨大的土壤碳库（Post and Emanuel，1982）。尤其位于中高纬度的东北森林生态系统中的土壤呼吸作用在生态系统碳平衡中占的地位越来越重要（Valentini et al.，2000）。因此对于东北森林，尤其是东北东部的天然次生林（主要分布在黑龙江省）的土壤呼吸及土壤异养呼吸的研究对于了解森林碳库的形成机制、揭示全球碳循环动态具有重要意义（杨金艳和王传宽，2006；杨阔和王传宽，2010；国庆喜等，2010）。

本研究选取东北东部立地条件不同的三种森林生态系统，采用红外气体分析法比较测定土壤呼吸、土壤异养呼吸及其相关水热因子，探讨土壤温湿度对土壤碳排放的影响。具体目标包括：①分别于生长季（5～10月）各月对三种森林生态系统土壤异养呼吸及土壤呼吸进行测定，分析土壤呼吸及土壤异养呼吸的季节变化规律，计算生长季期间土壤异养呼吸对土壤呼吸的贡献；②计算土壤呼吸及土壤异养呼吸的温度敏感性，模拟土壤呼吸及土壤异养呼吸随温度的变化，为精确估算全球碳收支变化提供基础数据；③分析不同森林生态系统土壤呼吸及土壤异养呼吸的差异，确定影响土壤呼吸及土壤异养呼吸的主要因子。

用 Li－6400 在 2012 年 5～10 月，每两周测定一次土壤呼吸（RS）及土壤异养呼吸（RH）。同时用数字式瞬时温度计测定 10cm 的土壤温度（Ts），用烘干法测定 PVC 环附近土壤含水率（MC），记录研究样地连续空气温度及土壤温度。

采用指数模型拟合 RS 与 RH($mol\ CO_2\ m^{-2}s^{-1}$）与 Ts（℃）之间的关系（Luo et al. , 2001），即：

$$R = \alpha e^{\beta Ts} \tag{3-1}$$

RS 及 RH 的 Q_{10} 通过下式确定（Xu and Qi, 2001）：

$$Q_{10} = e^{10\beta} \tag{3-2}$$

Ts 为 10cm 的土壤温度（℃）；α 是温度为 0℃时的土壤呼吸；β 为温度反应系数。

在上述模型拟合时，将 RS 及 RH 进行自然对数转换，以满足模型的线性和方差齐性需求。因受测定时间的限制，不可能对三种森林生态系统的 RS 及 RH 进行同步测定，而且其 Ts 也存在差异，因此根据拟合方程计算各样地土壤月均温及土壤动物和微生物取样时对应的 RS 及 RH 进行比较。采用单因素方差分析（One way ANOVA, LSD）检验立地条件及取样时间对三种群落土壤 RS 及 RH 的显著性影响；采用独立样本 T 检验分析土层深度对三种群落土壤 RS 及 RH 的显著性影响；采用双变量相关分析（Bivariate correlation analysis）方法分析温度与含水率与土壤 RS 及 RH 之间的关系，并建立线性回归模型。

第二节 实 验 结 果

一、生长季空气温度、土壤温度及土壤湿度季节变化

生长季空气月均温（Ta）存在明显季节变化，7 月最高（19.32℃ ~ 20.71℃），10 月最低（3.89℃ ~ 4.56℃），且 10 月月均温较 5 月月均温低 8℃以上。10cm 处土壤月均温（Ts）也存在明显季节变化，变化较 Ta 和缓，7 ~ 8 月高，5 月和 10 月低。5 ~ 8 月 Ta 高于 Ts，二者差异随时间逐渐减小。9 ~ 10 月 Ta 低于 Ts，差异随时间逐渐增大（见图 3 - 1）。

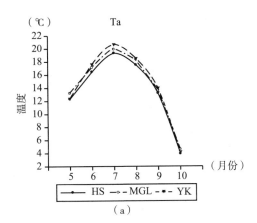

（a）

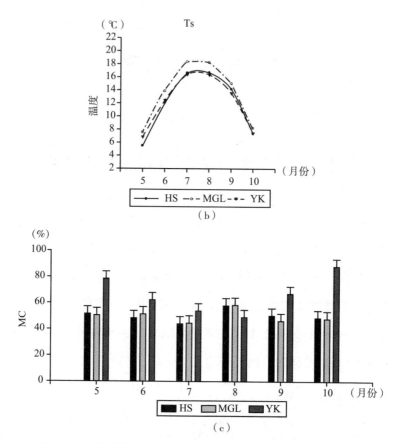

图 3-1　三种林型空气温度（Ta）及土壤温度（Ts）季节变化

　　三种林型 Ta 差异不大，红松人工林温度略低，硬阔叶林温度略高，不同林型空气温度差异随温度升高而增大。三种林型 Ts 差异较 Ta 明显，蒙古栎林各月 Ts 均高于其他两个林型（见图 3-1）。

三种林型土壤含水量（MC），7月最低，10月最高，但季节变化不明显（47% ~ 61%）（$F = 1.979$，$p = 0.122$），不同林型间 MC 差异显著，硬阔叶林（66.51%）显著高于红松人工林（50.16%）和蒙古栎林（49.86%）（$F = 13.851$，$p < 0.001$）（见图 3 - 1）。

相关分析发现，RS、RH 与 Ta、Ts 显著相关（$p < 0.01$），与 MC 无显著相关关系（$p > 0.05$），MC 与 Ts 显著负相关（$p < 0.05$）。

二、土壤呼吸与温度响应关系

将土壤呼吸（RS）分别与 Ta 和 Ts 进行拟合，发现在帽儿山森林生态系统中，Ta 及 Ts 显著影响 RS（$p < 0.001$），并满足指数方程：$R = b_0 e^{b1T}$。Ts 与 RS 有更好的拟合关系，且不同林型 RS 与 Ts 指数方程的 R^2 不同，红松人工林土壤呼吸与 Ts 之间的拟合效果最好（$R^2 = 0.453$），蒙古栎林 RS 与 Ts 之间的拟合效果最弱（$R^2 = 0.178$）（见图 3 - 2）。

据拟合方程计算土壤呼吸（RS）Q_{10}，发现 Q_{10} 值随温度的升高而逐渐下降，8月温度最高，Q_{10} 值最低，5月和10月 Q_{10} 值较高。不同林型 Q_{10} 值也明显不同，分别为 HS2.27、MGL1.60、YK2.25（见图 3 - 3）。

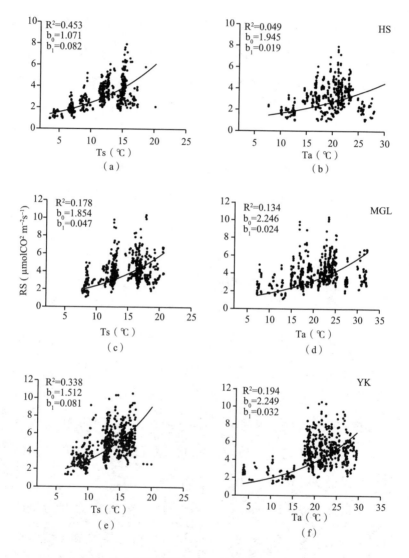

图 3 - 2 土壤呼吸（RS）与土壤温度（Ts）及

空气温度（Ta）的拟合方程

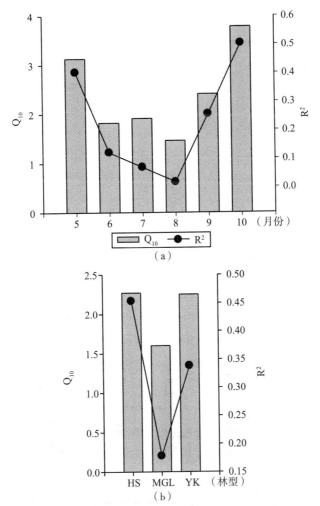

图 3-3　不同生态系统及不同月份土壤呼吸 Q_{10} 值

将不同林型各月 RS 实测值与 Ts 进行拟合（$p < 0.05$），获得指数方程，将三种林型各月 Ts 平均温度代入方程，获得三种林型 RS 的各月均值（见图 3-4）。生长季 RS 随时间变化呈现与 Ts 大致一致的规律（见图 3-1、图 3-4），即随温度升高 RS 值增大。但各林型有所差异，硬阔叶林和蒙古栎林均为 8 月 RS 最大，10 月 RS 最小。红松人工林则以 9 月最大，5 月最小。红松人工林和硬阔叶林的 7 月 RS 低于 6 月和 9 月（见图 3-4）。RS 与 Ts 的相关性随温度升高而降低，10 月相关系数最大为 0.658，8 月相关系数最小仅为 0.148（见表 3-1）。

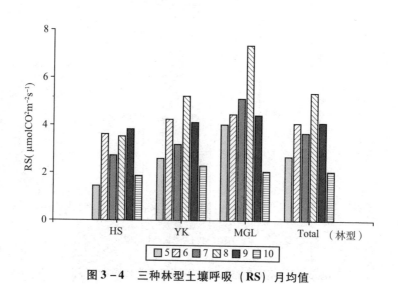

图 3-4 三种林型土壤呼吸（RS）月均值

表 3 – 1　　土壤呼吸（RS）与土壤异养呼吸（RH）

与土壤温度（Ts）相关性系数

	月份						林型		
	5	6	7	8	9	10	HS	YK	MGL
RS – Ts	0. 507 **	0. 317 **	0. 211 **	0. 148 *	0. 465 **	0. 658 **	0. 592 **	0. 363 **	0. 525 **
RH – Ts	0. 476 **	0. 273 **	– 0. 010	0. 125	0. 480 **	0. 703 **	0. 503 **	0. 401 **	0. 526 **

注：** p < 0. 01；* p < 0. 05。

三、土壤异养呼吸与温度响应关系

将土壤异养呼吸（RH）分别与 Ta 和 Ts 进行拟合，Ta 及 Ts 显著影响 RH（p < 0.001），并满足指数方程：$R = b_0 e^{b1T}$。同 RS 一致，Ts 与 RH 有更好的拟合关系，且不同林型 RH 与 Ts 指数方程的 R^2 不同，红松人工林土壤异养呼吸与 Ts 之间的拟合效果最好（$R^2 = 0. 414$），蒙古栎林 RH 与 Ts 之间的拟合效果最弱（$R^2 = 0. 192$）（见图 3 – 5）。

据方程计算土壤异养呼吸的 Q_{10} 值，与土壤呼吸变化一致，Q_{10} 值随温度的升高而逐渐下降，8 月温度最高，Q_{10} 值最低，5 月和 10 月 Q_{10} 值较高。且土壤异养呼吸的 Q_{10} 值高于土壤呼吸的 Q_{10} 值，低温时表现更显著。不同林型土壤异养呼吸 Q_{10} 值也明显不同，分别为 HS2. 48、MGL1. 73、YK2. 83，均高于 RS 温度敏感系数（见图 3 – 6）。

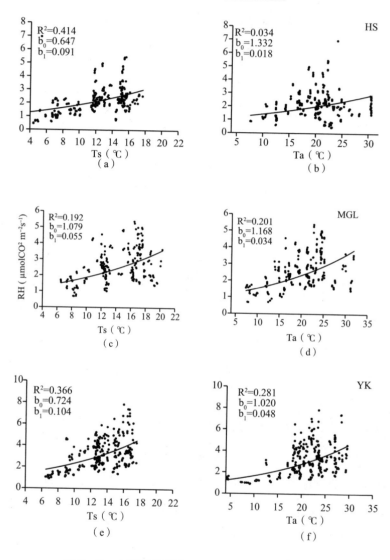

图 3 - 5　土壤异养呼吸（RH）与土壤温度（Ts）

及空气温度（Ta）的拟合方程

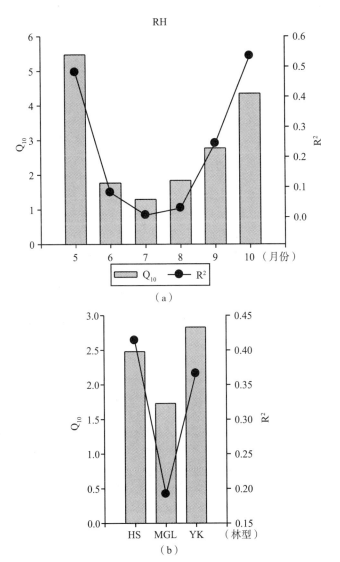

（a）

（b）

图 3-6 不同生态系统及不同月份土壤异养呼吸 Q_{10} 值

将不同林型各月 RH 实测值与 Ts 进行拟合（p < 0.05），获得指数方程，将三种林型各月 Ts 平均温度代入方程，获得三种林型 RH 的各月均值（见图 3 - 7）。总体看来，生长季 RH 随时间变化呈现与 RS 一致的规律，除硬阔叶林 RH 以 7 月最大外，红松人工林及蒙古栎林 RH 季节变化规律与 RS 一致（见图 3 - 4、图 3 - 7）。RH 与 Ts 的相关性依然随温度升高而降低，10 月相关系数最大为 0.703，而 7 月和 8 月 RH 与 Ts 无显著相关性（见表 3 - 1）。

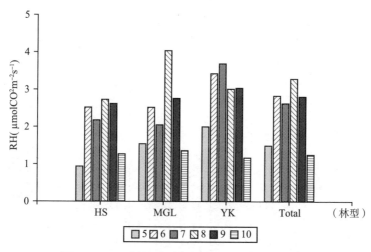

图 3 - 7   三种林型土壤异养呼吸（RH）月均值

将 RH 与 RS 进行比较，发现 RH 在很大程度上是 RS 的优势组成部分，RH/RS 比例均值为 64.47%，红松人工林 RH 所占比例最高（71.20%），依次为蒙古栎林（64.43%）和硬阔叶林（60.78%）。除硬阔叶林 8 月 RH 所占比例较低外，不同林型均呈现温度高时 RH/RS 比例较大的特点（见图 3 - 8）。

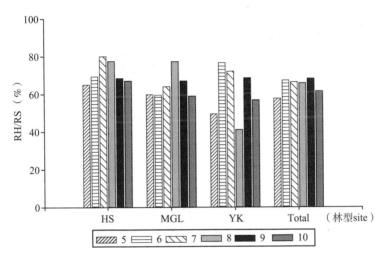

图 3 - 8　三种林型土壤异养呼吸（RH）占土壤呼吸（RS）比例

第三节　讨论与结论

一、土壤呼吸及土壤异养呼吸季节变化格局

以往的大量研究表明，温度是影响土壤呼吸及土壤异养呼吸

的主要因素（Bond - Lamberty, 2010; Witkamp, 1966; Froment, 1972; Gupta and Singh, 1981; Lessard et al. , 1994; Fang and Moncrieff, 2001; Kucera and Kirkham, 1971; Lomander et al. , 1998; Fang and Moncrieff, 2001; Kucera and Kirkham, 1971; Norman et al. , 1992; Lloyd and Taylor, 1994; Raich and Potter, 1995; Landsberg and Gower, 1997; Lavigne et al. , 1997; Da-vidson et al. , 1998; Luo et al. , 2001; Fang and Moncrieff, 2001; Wang et al. , 2002; Schlesinger and Jones, 1984; Jenkinson et al. , 1991; Johnson and Thornley, 1985; Lloyd and Taylor, 1994; Fang and Moncrieff, 2001; Bond - Lamberty et al. , 2004）。据此推断，RS 及 RH 的季节变化格局应该与 Ts 的季节变化格局一致，呈现单峰曲线，高峰值出现在 7 ~ 8 月（见图 3 - 1）。将不同林型 RS 及 RH 与 Ts 拟合，建立指数方程，据各月 Ts 均值计算出 RS 及 RH 均值（见图 3 - 3），发现除 7 月外，RS、RH 与 Ts 的季节变化大致一致。戴维森等（2006）研究发现温度升高能促进可溶性物质的扩散和酶的活性（Davidson et al. , 2006），即随着温度升高，土壤向大气中会释放更多的 CO_2，碳循环与全球变暖之间存在着一个正反馈（Cox et al. , 2000）。

在陆地生态系统中，RH 是土壤 C 通量的优势组成部分（Hanson et al. , 2000），多数研究表明 RH 所占比例在 50% ~

68%（Nakane et al.，1996；Keith et al.，1998；Lin et al.，1999），本研究所得结果也在此范围（见图 3 - 8）。本书中 RH/RS 比例最高为红松人工林（71. 20%）与布克曼（Buchmann）（2000）及杨金艳和王传宽（2006）研究结果是一致的。且研究发现 RH/RS 比例是随温度而变化的，随温度升高，土壤异养呼吸占土壤呼吸的比例随之增大（见图 3 -7），即全球变暖对土壤动物及土壤微生物的刺激作用更明显，这与高尔（Gower）等（2001）的研究结果不一致（Gower et al.，2001）。由此可见，虽然国内外众多学者对碳循环展开研究，但土壤碳通量的各重要组成部分对土壤碳通量的贡献依旧是不明确的（Hogberg et al.，2001）。准确揭示各组成部分的贡献率，有利于更准确揭示影响碳循环的环境因子，进而更精确估算全球变化对土壤碳通量的影响（Hanson et al.，2000；Zhao et al.，2013）。

二、土壤呼吸与土壤异养呼吸对温度变化的响应

虽然大量研究表明温度升高能增加 RS 及 RH 的释放，但土壤释放碳通量的能力是随温度变化而变化的。随着温度的升高，土壤碳通量对温度的敏感程度即 Q_{10} 值降低（见图 3 - 3、图 3 -6）。基尔希鲍姆（Kirschbaum）总结发现，温度在 20℃

以上时，Q_{10} 值一般在 2 左右，0℃ 时却能高于 8（Kirschbaum，1995）。戴维森等（1998）研究发现，温度低的群落具有更高的 Q_{10} 值（Davidson et al.，1998）。这些研究表明 RS 与 Ts 之间的正反馈关系在一定程度上受到抑制。根据生态学最小因子定律，温度较低时，温度是限制因子，随温度升高，温度的限制解除，其他因子则可能成为限制性因子（陈全胜等，2003）。杨金艳和王传宽（2006）研究表明水分与土壤呼吸温度敏感性密切相关，但本书发现 RS 与 RH 均与土壤含水率无显著相关关系。其原因及机理仍需大量控制实验来加以揭示。由于土壤温度敏感性随温度升高有所降低，这将会在一定程度上缓和碳循环对全球变暖的正反馈效应（Luo et al.，2001）。由于目前大尺度上对全球碳平衡的估测主要是通过模型计算，而许多模型所采用的都是统一的 Q_{10}，并没有考虑 Q_{10} 随温度的变化（Fung et al.，1987），因此往往造成对陆地释放到大气中 CO_2 量的过高或者过低的估计，从而影响到模型输出结果的可靠性（Davidson et al.，2006）。另外，大尺度碳通量估测时，想要获得 Ts 的实测值比较困难，因此往往采用 Ta 直接进行估测，然而我们发现 Ta 与 Ts 在时间变化上具有显著差异（见图 3 - 1），C 通量预测时，也要充分考虑这一因素。

三、不同林型 RS 及 RH 的差异

不同林型因受植被组成、土壤理化性质、土壤动物及微生物等众多因子不同的影响，其土壤碳通量也表现出显著差异（Raich and Tufekcioglu，2000）。本研究选取立地条件差异明显的三种森林生态系统（见表 2 - 1、表 2 - 2），各林型土壤呼吸速率差异明显，红松人工林 RS 及 RH 均最低（$2.83 molCO_2 m^{-2} s^{-1}$，$2.04 molCO_2 m^{-2} s^{-1}$），硬阔叶林的 RS 及 RH 均最高（$4.58 molCO_2 m^{-2} s^{-1}$，$2.73 molCO_2 m^{-2} s^{-1}$），可能原因在于硬阔叶林土壤养分及水分含量均较高（见表 2 - 2、图 3 - 1）。从 RH/RS 比值来看，红松人工林比例最高（72%），即在针叶林中，土壤异养呼吸较土壤根系呼吸的贡献更大，而土壤异养呼吸受增温效应影响比较显著（见图 3 - 3、图 3 - 6），由此可以推断，全球气温的变化对针叶林碳通量排放的影响更显著。

第四章

土壤动物群落季节变化动态

第一节 实验设计与方法

土壤动物是土壤生态系统分解作用和养分转化的重要调节者（Neher, 2001；Ritz and Trudgill, 1999；Yeates, 2003），其与土壤微生物二者之间存在竞争和捕食等相互作用，通过土壤生态系统碎屑食物网调节土壤生物群落的数量及结构组成，进而通过改变食物网结构和分解途径来影响土壤生态系统功能（Neher, 2001；Ritz and Trudgill, 1999；Yeates, 2003）。

温度是调节陆地生态系统生物地球化学过程的重要因子（Raich and Schlesinger, 1992）。土壤生物对温度的敏感性明显高于地上部分的生物，很小的增温幅度都会引起地下生理生态过程的改变（Ingram，1998）。沃尔等也表明，土壤动物的分解作用是受气候因子影响的（Wall et al.，2008）。在全球变化过程中，土壤生物数量及群落结构会产生何种响应，这种变化是否会对生态系统功能产生影响等等是众多国内外学者致力解决的问题。因此，鉴于土壤动物的可移动性和与环境变化的密切关系，在野外实施增温实验很难保证其与环境的自然变化，本研究采用时间代空间的方法，通过对土壤动物群落结构季节动态的研究来揭示土壤动物对全球暖化的响应机制，具体目标包括：①土壤动物（大型、中小型）群落结构多样性的季节变化，分析土壤动物的优势类群是否随温度变化而发生变化，借此揭示土壤动物群落结构对全球变暖的响应；②土壤动物群落结构与环境的关系，比较不同林型土壤动物群落结构多样性是否存在差异，这种差异与土壤理化性质是否相关。

于2012年5～10月，每月对三种典型森林群落按照多点混合取样法进行取样调查，大型土壤动物取样面积为50cm×50cm，3点混合取样，采用手拣法分离大型土壤动物；中小型土壤动物，采用直径为5cm的土钻5点混合取样，用干漏斗法分离中小型干生（主要是弹尾目和蜱螨目）土壤动物。

计算土壤生物的香农—威纳多样性指数（H′）、皮卢均匀度指数（E）、辛普森优势度指数（λ）和门希尼克丰富度指数

（R），具体计算公式见第二章第二节。

采用单因素方差分析（One way ANOVA，LSD）检验立地条件及取样时间对三种群落大型土壤动物优势类群，中小型土壤动物类群的显著性影响；双变量相关分析（bivariate correlation analysis）方法分析温度及含水率与土壤动物类群个体密度以及多样性指数之间的相关性。

第二节 实 验 结 果

一、土壤动物区系组成

对帽儿山三种森林群落的 6 次土壤取样，共获得大型土壤动物 59 类、3 604 只，隶属于 3 门 6 纲 17 目 50 科，平均密度 29.66 只/m^2。优势类群（＞总个体数 10%）3 类，占总个体数的 55.66%；常见类群（占总个体数 1% ~ 10%）11 类，占总个体数的 38.89%；稀有类群（＜总个体数 10%）45 类，占总个体数的 5.43%，它们虽然数量少，但是类群较多（见表 4 - 1）。

表4-1　　　　不同森林群落大型土壤动物类群和

数量组成（平均值±标准差）

类群（Taxon）	密度（Density, 只/m²）	百分比（Percent, %）
正蚓科（Lumbricidae）	8.65±1.85	29.16
线蚓科（Enchytraeidae）	4.86±0.70	16.40
石蜈蚣目（Lithobiomorpha）	3.00±0.36	10.10
蚁科（Formicidae）	2.61±0.72	8.80
地蜈蚣目（Geophilomorpha）	2.21±0.22	7.46
蜘蛛目（Araneida）	2.06±0.29	6.94
马陆目（Juliformia）	1.02±0.14	3.44
隐翅甲科（Staphylinidae）	0.67±0.10	2.25
步甲科（Carabidae）	0.58±0.09	1.97
腹足纲（Gastropoda）	0.57±0.17	1.92
蠓科（Ceratopogonidae）	0.56±0.27	1.89
叩甲科（Elateridae）	0.51±0.08	1.72
红蝽科（Pyrrhocoridae）	0.42±0.12	1.42
蚋科（Siliidae）	0.32±0.27	1.08
金龟甲科（Scarabaeidae）	0.29±0.08	0.97
象甲科（Curculionidae）	0.16±0.04	0.53
夜蛾科（Noctuidae）	0.13±0.04	0.45
虻科（Tabanidae）	0.09±0.04	0.31
毛蠓科（Psychodidae）	0.07±0.07	0.25

续表

类群（Taxon）	密度（Density, 只/m²）	百分比（Percent, %）
拟蝎目（Pseudoscorpionida）	0.07 ± 0.03	0.25
拟步甲科（Tenebrionidae）	0.07 ± 0.03	0.22
叶甲科（Chrysomelidae）	0.07 ± 0.03	0.22
葬甲科（Silphidae）	0.05 ± 0.02	0.17
盲蝽科（Miridae）	0.03 ± 0.03	0.11
尺蛾科（Geometridae）	0.03 ± 0.02	0.11
叶蝉科（Cicadellidae）	0.03 ± 0.02	0.11
蕈蚊科（Mycetophilidae）	0.03 ± 0.02	0.11
瓢虫科（Cocconellidae）	0.03 ± 0.02	0.08
萤科（Lampyridae）	0.03 ± 0.02	0.08
大蚊科（Tipulidae）	0.03 ± 0.01	0.08
毒蛾科（Lymantriidae）	0.03 ± 0.01	0.08
郭公甲科（Cleridae）	0.03 ± 0.01	0.08
猎蝽科（Reduviidae）	0.03 ± 0.01	0.08
啮目（Psocoptera）	0.03 ± 0.01	0.08
食虫虻科（Asilidae）	0.03 ± 0.01	0.08
蚊科（Culicidae）	0.03 ± 0.01	0.08
长足虻科（Dolichopodidae）	0.03 ± 0.01	0.08
花萤科（Cantharidae）	0.02 ± 0.02	0.05
蝽科（Pentatomidae）	0.02 ± 0.01	0.05
大蕈甲科（Erotylidae）	0.02 ± 0.01	0.05

续表

类群（Taxon）	密度（Density, 只/m²）	百分比（Percent, %）
革翅目（Dertamptera）	0.02±0.01	0.05
胡蜂科（Vespidae）	0.02±0.01	0.05
盲蛛目（Phalangida）	0.02±0.01	0.05
水龟甲科（Hydrophilidae）	0.02±0.01	0.05
阎甲科（Histeridea）	0.02±0.01	0.05
扁甲科（Cucujidae）	0.01±0.01	0.03
虎甲科（Cicindelidae）	0.01±0.01	0.03
姬蜂科（Ichneumonidae）	0.01±0.01	0.03
蓟马科（Thripidae）	0.01±0.01	0.03
剑虻科（Therevidae）	0.01±0.01	0.03
螟蛾科（Pyralidae）	0.01±0.01	0.03
木蠹蛾科（Cossidae）	0.01±0.01	0.03
木虱科（Psyllidae）	0.01±0.01	0.03
天牛科（Cerambycidae）	0.01±0.01	0.03
舞虻科（Empididae）	0.01±0.01	0.03
小蕈甲科（Mycetophagidae）	0.01±0.01	0.03
蝇科（Muscidae）	0.01±0.01	0.03
鹬虻科（Rhagionidae）	0.01±0.01	0.03
沼大蚊科（Limoniidae）	0.01±0.01	0.03
总密度（Total density）	29.66±2.73	

共获得中小型土壤动物 10 类、70 541 只，隶属于 1 门 2 纲 3 目 10 科（亚目），平均密度 44 375.88 只/m²，其中优势类群 3 类，占总个体数的 69.48%；常见类群 5 类，占总个体数的 8.34%，稀有类群 2 类，占总个体数的 0.96%（见表 4 - 2）。

表 4 - 2　不同森林群落中小型土壤动物类群和数量组成

类群（Taxon）	密度（Density，只/m²）	百分比（Percent，%）
甲螨亚目（Oribatida）	18 937.17 ± 1 006.57	42.67
等节跳科（Isotomidae）	7 345.76 ± 724.15	16.55
中气门亚目（Mesostigmta）	4 551.39 ± 218.79	10.26
棘跳虫科（Onychiuridae）	3 700.87 ± 312.34	8.34
前气门亚目（Prostigmata）	2 872.38 ± 175.94	6.47
长角跳科（Entomobryidae）	2 840.29 ± 268.21	6.40
拟亚跳亚科（Pseudachorutinae）	2 174.73 ± 138.97	4.90
圆跳虫科（Sminthuridae）	1 525.52 ± 196.28	3.44
原尾目（Profura）	293.78 ± 82.83	0.66
疣跳亚科（Neanurinae）	133.99 ± 19.95	0.30
总密度（Total density）	768.74 ± 7.17	

二、土壤动物个体密度季节变化

（一）大型土壤动物优势类群季节变化

对帽儿山三种林型 0～20cm 层大型土壤动物取样，获得大型土壤动物 59 类，其中优势类群及常见类群包括正蚓科（Lumbricidae）、线蚓科（Enchytraeidae）、石蜈蚣目（Lithobiomorpha）、蚁科（Formicidae）、地蜈蚣目（Geophilomorpha）、蜘蛛目（Araneida）、马陆目（Juliformia）、隐翅甲科（Staphylinidae）、步甲科（Carabidae）、腹足纲（Gastropoda）、蠓科（Ceratopogonidae）、叩甲科（Elateridae）、红蝽科（Pyrrhocoridae）、蚋科（Siliidae）14 类（李娜等，2013）。方差分析发现，正蚓科、线蚓科、蚁科、地蜈蚣目、蜘蛛目、隐翅甲科、步甲科、腹足纲个体密度在不同月份差异显著，而石蜈蚣目、马陆目、蠓科、叩甲科、红蝽科、蚋科个体密度各月无显著差异（见表4－3）。

表4－3 土壤动物类群不同月份个体密度方差分析

大型土壤动物							
	Lumb	Ench	Lith	Form	Geop	Aran	Juli	Stap
F	4.388	8.445	1.842	4.1	4.28	2.674	2.204	3.934
p	0.003	<0.001	0.129	0.005	0.004	0.037	0.075	0.006
	Cara	Gast	Cera	Elat	Pyrr	Sili	Total	
F	7.222	6.999	2.002	1.748	2.395	1.074	4.623	
p	<0.001	<0.001	0.102	0.149	0.057	0.391	0.002	

中小型土壤动物							
	Orib	Isot	Meso	Onyc	Pros	Ento	Pseu	Smin
F	7.808	2.539	9.255	4.139	18.004	11.805	6.69	20.109

	Orib	Isot	Meso	Onyc	Pros	Ento	Pseu	Smin
p	< 0.001	0.046	< 0.001	0.005	< 0.001	< 0.001	< 0.001	< 0.001

	Prof	Nean	Total
F	1.119	3.532	9.095
p	0.368	0.011	< 0.001

注：大型土壤动物：Lumb——正蚓科，Ench——线蚓科，Lith——石蜈蚣目，Form——蚁科，Geop——地蜈蚣目，Aran——蜘蛛目，Juli——马陆目，Stap——隐翅甲科，Cara——步甲科，Gast——腹足纲，Cera——蠓科，Elat——叩甲科，Pyrr——红蟓科，Sili——蚋科，Total——总个体密度；

中小型土壤动物：Orib——甲螨亚目，Isot——等节跳科，Meso——中气门亚目，Onyc——棘跳虫科，Pros——前气门亚目，Ento——长角跳科，Pseu——拟亚跳亚科，Smin——圆跳虫科，Prof——原尾目，Nean——疣跳亚科，Total——总个体密度。

总体看来，0～20cm 土层大型土壤动物个体密度各月差异显著，10 月平均个体密度为 524 只/m²，显著高于其他各月。不同类群个体密度随时间变化规律不同，正蚓科、线蚓科、腹足纲个体密度均为 10 月显著高于其他各月，而蚁科、地蜈蚣目、蜘蛛目个体密度为 5 月显著高于其他各月，隐翅甲科、步甲科个体密度分别以 7 月和 9 月最大（见图 4 - 1）。不同类群生长季的变异程度也存在较大差异，蚋科 CV 值最高（622%），线蚓科、地蜈蚣目及蜘蛛目 CV 值较小（82%、85%、89%）（见图 4 - 2）。

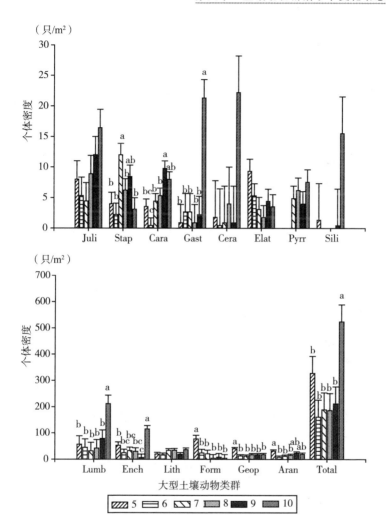

图 4 - 1　大型土壤动物个体密度季节变化

注：Lumb——正蚓科，Ench——线蚓科，Lith——石蜈蚣目，Form——蚁科，Geop——地蜈蚣目，Aran——蜘蛛目，Juli——马陆目，Stap——隐翅甲科，Cara——步甲科，Gast——腹足纲，Cera——蟋科，Elat——叩甲科，Pyrr——红蝽科，Sili——蚋科，Total——总个体密度。

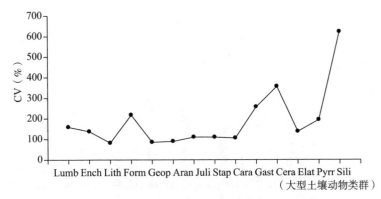

图 4 - 2　生长季大型土壤动物个体密度变异系数

　　将大型土壤动物类群个体密度与取样时土壤温度及空气温度进行相关分析发现，除石蜈蚣目、隐翅甲科、红蜻科与温度没有显著相关，其他大型土壤动物优势类群及常见类群与温度具有显著相关性。蜘蛛目、蚁科、叩甲科、地蜈蚣目与土壤温度显著负相关，其余类群均与空气温度显著负相关，即随着温度升高，大型土壤动物个体密度减小（见表 4 - 4）。MC 与线蚓科、蚁科、马陆科，腹足纲个体密度显著正相关。将各类群大型土壤动物个体密度与温度及土壤湿度进行多元回归分析，以判定系数 R^2 为主要依据选择最优模型（见表 4 - 5）。

表 4-4 大型土壤动物类群个体密度（N）与土壤温度（Ts），空气温度（Ta）及土壤含水量（MC）相关系数

	Lumb	Ench	Lith	Form	Geop	Aran	Juli	Stap	Cara	Gast	Cera	Elat	Pyrr	Sili	Total
Ts	-0.272*	-0.332*	0.094	-0.294*	-0.451**	-0.317*	-0.17	0.245	-0.077	-0.217	-0.177	-0.312*	0.085	-0.166	-0.403**
Ta	-0.494**	-0.434**	-0.104	0.14	-0.059	-0.146	-0.401**	0.184	-0.387**	-0.490**	-0.379**	0.002	-0.21	-0.290*	-0.489**
MC	0.098	0.545**	0.003	0.281*	0.101	0.068	0.372**	-0.170	-0.229	0.510**	0.249	0.045	-0.184	-0.009	0.306*

注：Lumb——正蚓科，Ench——线蚓科，Lith——石蜈蚣目，Form——蚁科，Geop——地蜈蚣目，Aran——蜘蛛目，Juli——马陆目，Stap——隐翅甲科，Cara——步甲科，Gast——腹足纲，Cera——蟓科，Elat——叩甲科，Pyrr——红蜻科，Sili——蚍科，Total——总个体密度。

表4－5　　土壤动物类群个体密度（N）与土壤温度（Ts），
空气温度（Ta）及土壤含水量（MC）的模型

	方程	R^2	p
大型土壤动物类群			
正蚓科（Lumbricidae）	$N = 151.999e^{-0.082Ta}$	0.292	<0.001
线蚓科（Enchytraeidae）	$N = -3.054Ta + 1.963MC - 21.321$	0.389	<0.001
蚁科（Formicidae）	$N = -2.985Ts + 3.154MC + 17.984$	0.129	=0.029
地蜈蚣目（Geophilomorpha）	$N = 164.131 - 33.825Ts + 2.527Ts^2 - 0.062Ts^3$	0.304	<0.001
蜘蛛目（Araneida）	$N = 53.614 - 14.193\ln(Ts)$	0.104	=0.017
马陆目（Juliformia）	$N = -3.054Ta + 1.963MC + 5.47$	0.238	=0.001
步甲科（Carabidae）	$N = 0.871 + 3.966Ta - 0.396Ta^2 + 0.01Ta^3$	0.255	=0.002
腹足纲（Gastropoda）	$N = -0.816Ta + 0.38MC - 4.244$	0.397	<0.001
蠓科（Ceratopogonidae）	$N = 34.547 - 6.207Ta + 0.387Ta^2 - 0.008Ta^3$	0.183	=0.017
叩甲科（Elateridae）	$N = 62.815 - 15.6Ta + 1.326Ta^2 - 0.036Ta^3$	0.179	=0.019
蚋科（Siliidae）	$N = 20.813 - 7.254\ln(Ta)$	0.099	=0.021
总个体密度	$N = -16.499Ta + 3.154MC - 328.996$	0.274	<0.001
中小型土壤动物类群			
甲螨亚目（Oribatida）	$N = 505\,579.202 - 71\,171.837Ts + 7\,313.391Ts^2 - 258.149Ts^3$	0.227	=0.006
拟亚跳亚科（Pseudachorutinae）	$N = 8\,412.068 + 309.778MC$	0.083	=0.035

	方程	R^2	p
圆跳虫科（Sminthuridae）	$N = 343\ 487.\ 469 - 74\ 748.\ 461Ts + 5\ 350.\ 277Ts^2 - 123.\ 677Ts^3$	0.518	< 0.001
长角跳科（Entomobryidae）	$N = -22\ 299.\ 594 + 33\ 087.\ 335Ta - 3\ 083.\ 696Ta^2 + 76.\ 261Ta^3$	0.287	= 0.001

（二）中小型土壤动物个体密度季节变化

对帽儿山三种林型 0～20cm 中小型土壤动物取样，获得中小型土壤动物 10 类：甲螨亚目（Oribatida）、等节跳科（Isotomidae）、中气门亚目（Mesostigmta）、棘跳虫科（Onychiuridae）、前气门亚目（Prostigmata）、长角跳科（Entomobryidae）、拟亚跳亚科（Pseudachorutinae）、圆跳虫科（Sminthuridae）、原尾目（Profura）、疣跳亚科（Neanurinae）（李娜等，2013）。除原尾目外，所有中小型土壤动物类群个体密度在各月间差异显著（见表 4－3）。与大型土壤动物不同，除圆跳虫科、拟亚跳亚科以 5 月个体密度最大外，其余所有类群均表现为 9 月个体密度显著高于其他各月（见图 4－3）。在所有中小型土壤动物类群中，原尾目个体密度随时间变异程度最大（见图 4－4）。

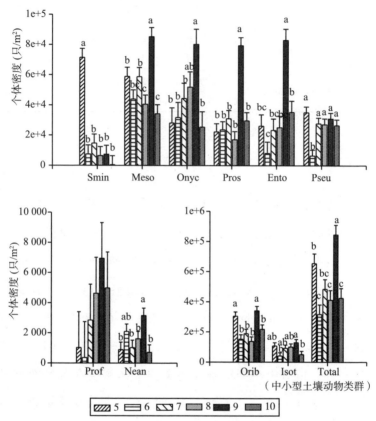

图 4 - 3　中小型土壤动物个体密度季节变化

注：Orib——甲螨亚目，Isot——等节跳科，Meso——中气门亚目，Onyc——棘跳虫科，Pros——前气门亚目，Ento——长角跳科，Pseu——拟亚跳亚科，Smin——圆跳虫科，Prof——原尾目，Nean——疣跳亚科，Total——总个体密度。

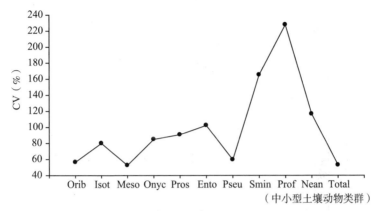

图 4 - 4 生长季中小型土壤动物个体密度变异系数

注：Orib——甲螨亚目，Isot——等节跳科，Meso——中气门亚目，Onyc——棘跳虫科，Pros——前气门亚目，Ento——长角跳科，Pseu——拟亚跳亚科，Smin——圆跳虫科，Prof——原尾目，Nean——疣跳亚科，Total——总个体密度。

将中小型土壤动物类群个体密度与取样时土壤温度及空气温度进行相关分析发现，除甲螨亚目、圆跳虫科与土壤温度显著负相关，长角跳科与 Ta 显著负相关外，其余各类群个体密度与温度没有显著相关性（见表 4 - 6）。将甲螨亚目、圆跳虫科和长角跳科个体密度与温度进行回归分析，以判定系数 R^2 为主要依据选择最优模型（见表 4 - 5）。

三、土壤动物多样性季节变化

取样时间对大型及中小型土壤动物多样性指数有显著影响，

表 4 - 6　中小型土壤动物类群个体密度 (N) 与土壤温度 (Ts)，空气温度 (Ta) 及土壤含水量 (MC) 相关系数

	Orib	Isot	Meso	Onyc	Pros	Ento	Pseu	Smin	Prof	Nean	Total
Ts	-0.413**	-0.043	0.002	0.199	0.034	-0.033	-0.263	-0.530**	0.124	0.090	-0.240
Ta	-0.238	0.059	0.102	0.057	-0.183	-0.286*	-0.156	0.183	-0.116	0.020	-0.124
MC	0.210	0.070	-0.086	0.110	-0.154	0.023	0.288*	0.116	-0.115	0.064	0.131

注：Orib——甲螨亚目，Isot——等节跳科，Meso——中气门亚目，Onyc——棘跳虫科，Pros——前气门亚目，Ento——长角跳科，Pseu——拟亚跳亚科，Smin——圆跳虫科，Prof——原尾目，Nean——疣跳亚科，Total——总个体密度。

10 月大型土壤动物 λ 指数显著高于其他各月，而 E 指数则显著低于其他各月。中小型土壤动物 H′指数 7 月最高，λ 指数以 10 月最高，R 指数则以 8 月最高（见图 4 - 5）。

不同森林生态系统条件下的大型及中小型土壤动物多样性差异显著，大型土壤动物 H′指数及 E 指数均以蒙古栎林最高，硬阔叶林最低，λ 指数则正好相反。中小型土壤动物呈现与大型土壤动物一致的规律（见图 4 - 5）。

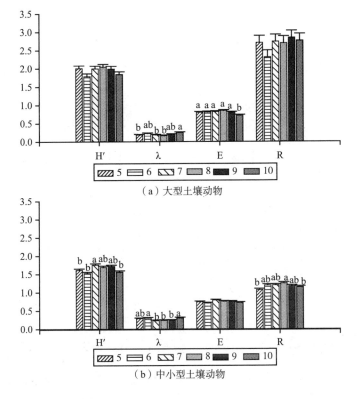

（a）大型土壤动物

（b）中小型土壤动物

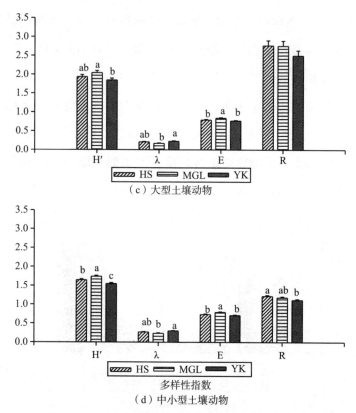

（c）大型土壤动物

多样性指数

（d）中小型土壤动物

图4－5　三种森林生态系统大型及中小型土壤动物

多样性指数时空变化

注：H′：香农—威纳多样性指数，λ：辛普森优势度指数，E：皮卢均匀度指数，R：门希尼克丰富度指数。

资料来源：李娜，2014.

对大型及中小型多样性指数与 Ta，TS 及 MC 进行相关分析，大型土壤动物多样性指数与 MC 相关性显著，λ 指数与 MC

正相关，其余指数均与 MC 负相关，中小型土壤动物多样性指数与 MC 没有显著相关关系。温度对土壤动物多样性也有显著影响，其中大型土壤动物 E 指数与温度显著正相关，λ 指数与 Ta 负相关。中小型土壤动物多样性指数与 Ts 关系密切，H′指数及 R 指数与 Ts 正相关，λ 指数与 Ts 负相关（见表 4 – 7）。

表 4 – 7　大型及中小型土壤动物多样性指数与土壤温度（Ts），
空气温度（Ta）及土壤含水量（MC）相关系数

	大型土壤动物				中小型土壤动物			
	H′	λ	E	R	H′	λ	E	R
Ts	0.106	– 0.200	0.330 *	– 0.032	0.302 *	– 0.365 **	0.230	0.429 **
Ta	0.153	– 0.340 *	0.453 **	– 0.114	0.203	– 0.241	0.190	0.162
MC	– 0.464 **	0.434 **	– 0.449 **	– 0.376 **	– 0.184	0.155	– 0.154	– 0.135

四、大型土壤动物及中小型土壤动物空间分布的季节变化

通过 DCA 分析，确定采用 CCA 排序方法分析大型土壤动物类群与中型土壤动物类群分布的相互关系。总体看来，大型土壤动物多位于图中心位置，分布广泛，而中小型土壤动物分布各月差异较大，且不同月份大型土壤动物与中小型土壤动物的分布关系是变化的（见图 4 – 6）。5 月和 10 月大型土壤动物类群与中型土壤动物类群分布整体上呈负相关关系，5 月大型土壤动物优势类群多分布于第一象限，中型土壤动物集中分布

于第三象限，中气门亚目与大型土壤动物分布正相关，与中小型土壤动物分布负相关。中小型土壤动物在硬阔叶林分布较多。10月中小型土壤动物多集中分布于第四象限，大型土壤动物多集中于原点附近及 y 轴正半轴，原尾目分布与多数大型土壤动物正相关，与中小型土壤动物负相关。中小型土壤动物分布依旧以硬阔叶林最为集中。6～9月大型土壤动物与中小型土壤动物分布均表现较分散，且各类群之间的相互关系不断变化，比如长脚跳科与等节跳科6月分布正相关，7月、8月和9月则表现为负相关。多数土壤动物分布比较普遍，各生态系统差异不大，但有些类群只集中分布于特定植被类型，如原尾目，除5月和6月外，其他各月均集中分布于蒙古栎林。

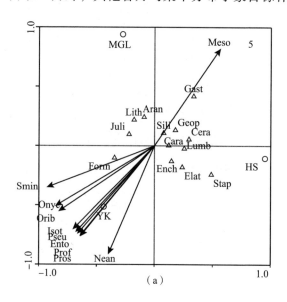

(a)

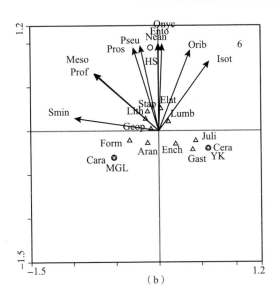

（b）

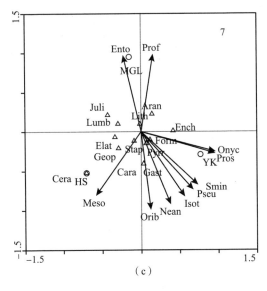

（c）

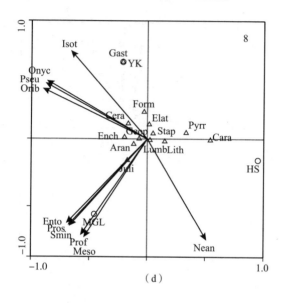

（d）

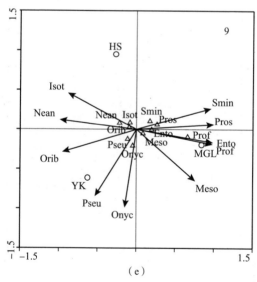

（e）

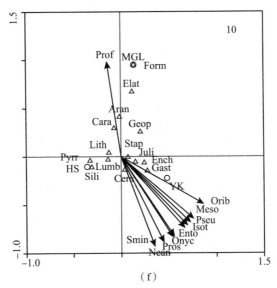

（f）

图 4 - 6　生长季三种林型大型、中小型土壤动物的

典型对应分析（CCA）

注：大型土壤动物：Lumb——正蚓科，Ench——线蚓科，Lith——石蜈蚣目，Form——蚁科，Geop——地蜈蚣目，Aran——蜘蛛目，Juli——马陆目，Stap——隐翅甲科，Cara——步甲科，Gast——腹足纲，Cera——蠓科，Elat——叩甲科，Pyrr——红蝽科，Sili——蚋科；

中小型土壤动物：Orib——甲螨亚目，Isot——等节跳科，Meso——中气门亚目，Onyc——棘跳虫科，Pros——前气门亚目，Ento——长角跳科，Pseu——拟亚跳亚科，Smin——圆跳虫科，Prof——原尾目，Nean——疣跳亚科。

第三节 讨论与结论

一、土壤动物个体密度及群落结构的季节动态

研究发现，帽儿山森林生态系统大型土壤动物总个体密度10月最高，显著高于其他各月（见图4-1）。中小型土壤动物个体密度表现为9月个体密度显著高于其他各月（见图4-3）。这种变化与温度、湿度、凋落物数量等环境条件有关，也与生物节律有密切关系。帽儿山位于温带地区，温带地区环境条件（如光照、气温、降水、食物）的时间变化，促使土壤动物形成适应机制。9~10月温带地区进入生长季末期，森林凋落物层达到最厚，土壤养分充足，且这一时期部分昆虫开始进入土壤中冬眠，因此这一时期土壤中土壤动物个体密度最大。

土壤动物组成及多样性并不与土壤动物个体密度及类群密度变化一致，生长季各月大型土壤动物 H′ 指数无显著差异，中小型土壤动物 H′ 指数7月最高（见图4-5）。这是因为不同土壤动物类群个体密度随时间变化规律不同，正蚓科、线蚓科、腹足纲个体密度均为10月显著高于其他各月，而蚁科、地蜈

蚣目、蜘蛛目个体密度为 5 月显著高于其他各月，隐翅甲科、步甲科个体密度分别以 7 月和 9 月最大（见图 4 - 1）。中型土壤动物类群个体密度也在各月间差异显著（见表 4 - 3、图 4 - 3）。即不同的土壤动物季节变化规律并不一致，是一个此消彼长的过程。这说明土壤动物群落可以通过对不同类群数量及分布的调节维持不同温度条件下整个土壤动物群落的多样性结构及生态功能的稳定性，这是生物对环境变化的一种适应机制。按照生态学的理论，这种对温度的适应应该是存在一个阈值的，如何确定这一温度界限是今后研究的一个重要方向。

二、土壤动物个体密度及群落结构与温度和湿度的关系

相关分析发现，大型土壤动物个体密度与土壤温度、空气温度显著负相关，与土壤含水率正相关（见表 4 - 4），即温度及湿度是影响土壤动物个体密度的重要因素，高温对土壤动物具有抑制作用，而适宜的土壤含水率有利土壤动物生长，这同廖崇惠等（2003）对海南尖峰岭，张洪芝等（2011）对青藏高寒草甸土壤动物研究结果是一致的。但是不同地区土壤动物对温度和湿度的响应关系是不同的，廖崇惠等（2003）研究表明温度对土壤动物群落的影响较小，土壤含水率对土壤动物群落影响较大。而张洪芝等（2011）则表明温度较水分对土壤动物

群落产生更大的影响（廖崇惠等，2003；张洪芝等，2011）。这是因为不同气候区水热条件差异显著，尖峰岭为热点季风气候区，全年高温，降水分明显的干湿两季，因此水分成为重要的制约因子。而青藏高寒草甸地区，全年气温较低，因此温度成为重要的限制因素。帽儿山地处温带季风气候区，生长季气温及降水季节变化显著，因此温度及含水率对土壤动物个体密度均有显著影响。不同土壤动物类群对温度及含水率的响应不同，石蜈蚣目、隐翅甲科、红蝽科个体密度与温度没有显著相关，其他大型土壤动物优势类群及常见类群与温度具有显著负相关性。MC 与线蚓科、蚁科、马陆科，腹足纲个体密度显著正相关，而与其他大型土壤动物类群没有相关性（见表 4 -4）。

对中小型土壤动物个体密度与温度及含水率进行相关分析，发现中小型土壤动物类群总个体密度及多数类群个体密度与温度及湿度并不相关。这说明与大型土壤动物类群相比，弹尾目及蜱螨目对温度及含水率的变化有更强的适应性。

对大型及中小型土壤动物多样性指数与 Ta、Ts 及 MC 进行相关分析，大型土壤动物各多样性指数与 MC 及 Ta 相关性显著，中小型土壤动物各多样性指数与 MC 没有显著相关关系，而与土壤温度 Ts 显著相关。这与大型土壤动物与中小型土壤动物的栖息环境有关，大型土壤动物多分布于 0 ~ 10cm 的表层土壤中，而中小型土壤动物在枯枝落叶层分布比较集中。

三、土壤动物类群的空间分布

CCA 排序发现，大型土壤动物优势类群和常见类群多具有较强的环境适应性，各月空间分布差异不大。而中小型土壤动物各月空间分布差异比较明显，温度较低的 5 月和 10 月中小型土壤动物各类群分布较集中，且以硬阔叶林居多。其他各月分布较为分散，不同森林生态系统土壤动物组成也有所不同（见图 4-6）。蒙古栎林坡向为南坡，林冠郁闭度小，热量条件较好，坡度在三个样地中最大，土壤最干燥，不利于喜湿的土壤动物生存，因此正蚓科和线蚓科密度最小，同时这两种类群均为土壤动物群落的优势类群；此外，蒙古栎林土壤动物群落稳定性强，土壤动物群落各营养级相互制约，从而导致蒙古栎林大型土壤动物总密度小于其他两个森林群落。红松人工林与硬阔叶林的立地条件相似，坡向均为北坡，林内郁闭程度较高，日照时间相对较少，林下较湿润。硬阔叶林树种密度较红松人工林低，凋落物层比较薄，因此土壤动物略少于红松人工林。

第五章

土壤速效养分季节变化动态

第一节　实验设计与方法

土壤养分是土壤提供的植物生长所必需的营养元素，包括氮（N）、磷（P）、钾（K）和其他一些中量元素和微量元素。根据植物对营养元素吸收利用的难易程度，分为速效养分和缓效养分。土壤速效养分包括土壤速效氮（AN）、速效磷（AP）、速效钾（AK）以及可溶性有机碳（DOC）是土壤肥力和土壤质量的重要指标，虽然在土壤养分中仅占很少部分（＜1%）（黄昌勇，2001），但与地表植被以及地下的土壤生物具有高度的相关性，对生态系统的物质循环及能量流动有重要影响，是土壤养分库的直观表现（赵军等，2005；刘文杰等，2010）。所以，通过研究土壤中最为活跃的速效养分时空动态变化特征，分析其与温度、水分状况的基本关系，揭示土壤养分环境对全球变化的响应。主要研究内容包括：①三种林型土壤速效氮（AN）、速效磷（AP）、速效钾（AK）以及可溶性有机碳（DOC）的季节动态；②三种林型土壤速效氮（AN）、速效磷（AP）、速效钾（AK）以及可溶性有机碳（DOC）与温度和水分的关系。

　　于2012年5～10月，每月对三种典型森林群落进行取样调查，在每种林型中各设置3块20m×30m样地，构成3个重复，用直径为5cm的土钻5点混合取样，分别装入封口袋，带回实验室，自然风干。采用扩散法测定土壤速效氮含量（AN）；采用醋酸铵浸提法测定土壤速效钾含量（AK）；采用碳酸氢钠浸提法测定土壤速效磷含量（AP）；采用仪器法测定土壤可溶性有机碳含量（DOC）。采用单因素方差分析（One way ANOVA，LSD）检验立地条件及取样时间对三种群落土壤速效养分的显著性影响；采用独立样本T检验分析土层深度对三种群落土壤速效养分的显著性影响；采用双变量相关分析（Bivariate correlation analysis）方法分析温度与含水率与土壤速效养分之间的关系，并建立线性回归模型。

第 二 节　实 验 结 果

研究表明，帽儿山三种森林生态系统 0 ~ 20cm 土层的 AN 月均值变化范围在 466.29 ~ 622.72mg/kg 之间，AP 含量变化范围为 11.86 ~ 32.43mg/kg，AK 含量月均值变化范围为 169.51 ~ 196.40mg/kg，DOC 含量月均值变化范围为 161.54 ~ 285.83mg/kg。

一、土壤速效养分季节变化

（一）土壤速效氮含量季节变化

方差分析表明，土壤速效氮含量（AN）季节变化显著（见表 5 - 1）。整体看来，除 9 月外，0 ~ 10cm 土层 AN 含量均高于 10 ~ 20cm 土层（见图 5 - 1），但差异不显著（见表 5 - 1）。0 ~ 10cm 土层 AN 的季节变化以 9 月最高，8 月最低，但各月差异不大（CV = 21.52%）。10 ~ 20cm 土层仍以 9 月最高，但 10 月最低，各月样本变异系数（CV）为 38.32%，土壤剖面 AN 含量改变量在 9 月达最小。

不同林型 AN 季节变化规律不同，且 0～10cm 土层与 10～20cm 土层差异较大。红松人工林 0～10cm 土层 AN 季节变化格局呈波动形势，5 月、7 月、9 月 AN 值较高，6 月、8 月、10 月 AN 值较低。10～20cm 土层土壤 AN 含量季节变化呈现 9 月较高，其他各月比较接近的特点。蒙古栎林 AN 含量在 0～10cm 土层与 10～20cm 土层有相反变化的趋势。硬阔叶林除 6 月、10 月外，两层 AN 含量比较接近，且季节变化趋势大致相同，均以 8 月达最低，AN 含量各月变异均较大，变异系数达 53.17%（见图 5-1）。

不同森林生态系统 AN 含量差异显著（见表 5-1），0～10cm 土层及 10～20cm 土层均以硬阔叶林含量最高，蒙古栎林土壤剖面改变量最大（见图 5-1）。

表 5-1　　土壤速效养分方差分析及独立样本 T 检验

| | 方差分析 | | | | | | 独立样本 T 检验 | |
| | 林型 | | 月份 | | 月份 × 林型 | | 深度 | |
	F	p	F	p	F	p	F	p
AN	17.676	<0.001	3.054	0.014	1.181	0.314	2.267	0.135
AK	26.461	<0.001	0.910	0.478	2.342	0.017	2.707	0.103
AP	5.516	0.006	9.896	<0.001	0.445	0.920	6.673	0.011
DOC	2.087	0.130	8.407	<0.001	2.386	0.015	4.592	0.034

注：AN：速效氮，AK：速效钾，AP：速效磷，DOC：可溶性有机碳。

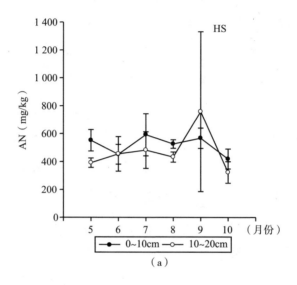

（a）

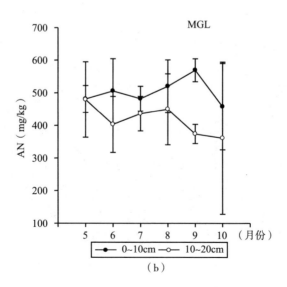

（b）

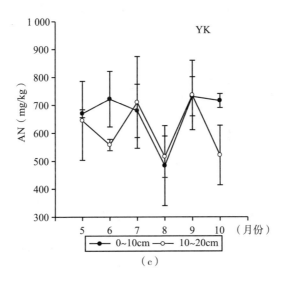

（c）

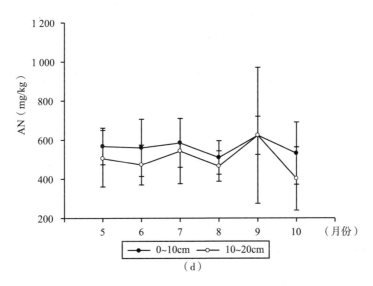

（d）

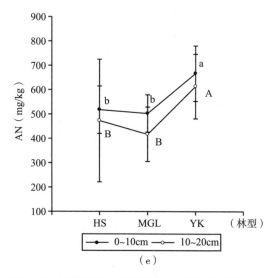

（e）

图 5 - 1　三种林型土壤速效氮（AN）的季节动态

（二）土壤速效磷含量季节变化

独立样本 T 检验分析表明，0～10cm 土层土壤速效磷含量（AP）显著高于 10～20cm 土层，且两个土层 AP 含量均有显著的季节变化（见表 5 - 1、图 5 - 2）。0～10cm 土层 AP 含量的季节变化呈现波动变化的形式，7 月显著高于其他各月，6 月为 AP 含量的最低值，各月 AP 含量间变异系数为 51.47%。10～20cm 土层的季节变化呈以单峰曲线，以 7 月最高（CV = 70.87%），土壤剖面 AP 含量改变量在 9 月达最大。不同林型 AP 季节变化规律与总体规律相似（见图 5 - 2）。

不同森林生态系统 AP 含量差异显著（见表 5 - 1），0 ~

10cm 土层及 10 ~ 20cm 土层均以硬阔叶林含量最高（见图 5 - 2）。

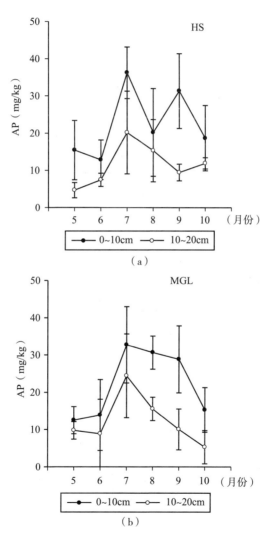

（a）

（b）

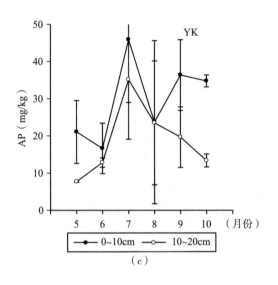

（c）

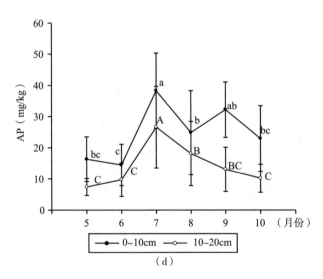

（d）

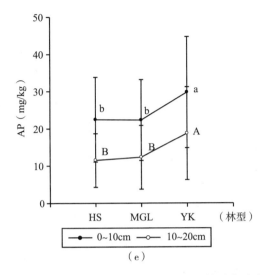

图 5 - 2 三种林型土壤速效磷（AP）的季节动态

（三）土壤速效钾含量季节变化

方差分析表明，整体看来土壤速效钾含量（AK）季节变化不显著（见表 5 - 1），0 ~ 10cm 及 10 ~ 20cm 土层的季节变化规律不同（见图 5 - 3）。0 ~ 10cm 土层 AK 的季节变化以 7 月、9 月、10 月较高，6 月最低，但各月差异显著，10 ~ 20cm 土层 AK 含量各月差异不显著，变异系数为 27.50%。除 8 月硬阔叶林 10 ~ 20cm 土层 AK 含量略高于 0 ~ 10cm 土层外，0 ~ 10cm 土层 AK 含量均高于 10 ~ 20cm 土层，但差异不显著（见表 5 - 1、图 5 - 3）。

不同林型 AK 季节变化规律不同。红松人工林 0～10cm 土层与 10～20cm 土层 AK 季节变化格局均呈波动形势。蒙古栎林 AK 含量在 0～10cm 土层与 10～20cm 土层有大致一致的季节变化趋势，8 月 AK 含量最高。硬阔叶林两层 AK 含量的季节变化规律完全不同，0～10cm 土层波动变化，10 月最高，而 10～20cm 土层各月 AK 值非常接近，变异系数仅为 13.41%（见图 5－3）。

不同森林生态系统 AK 含量差异显著（见表 5－1），0～10cm 土层及 10～20cm 土层均以硬阔叶林含量最高，红松人工林含量最低（见图 5－3）。

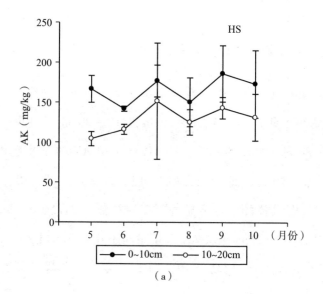

（a）

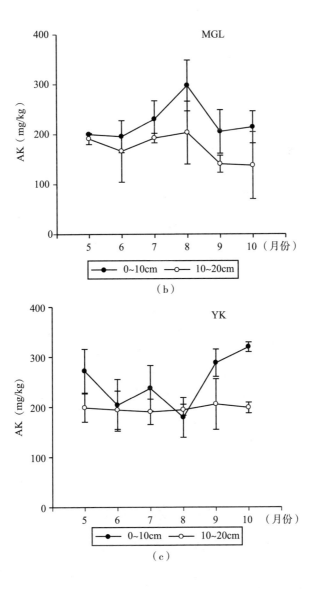

(b)

(c)

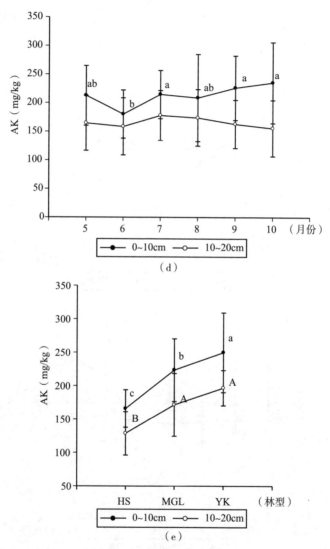

图 5 - 3　三种林型土壤速效钾（AK）的季节动态

（四）土壤可溶性有机碳季节变化

方差分析表明，土壤可溶性有机碳（DOC）季节变化显著（见表 5 - 1）。0 ~ 10cm 土层 DOC 含量从进入生长季开始下降，到 8 月降至最低，然后缓慢升高。10 ~ 20cm 土层则呈现整个生长季一直下降的变化趋势，但各月差异不显著。土壤剖面 DOC 改变量 8 月最小，其余各月比较稳定，变化不大（见图 5 - 4）。

不同林型 DOC 季节变化规律不同，且 0 ~ 10cm 土层与 10 ~ 20cm 土层差异较大。红松人工林 0 ~ 10cm 土层DOC 季节变化格局呈先下降然后缓慢增加的趋势，7 月DOC 含量最低，5 月 DOC 含量最高。10 ~ 20cm 土层土壤DOC 下降趋势比较和缓。蒙古栎林 DOC 含量在 0 ~ 10cm土层与 10 ~ 20cm 土层相对一致的变化趋势。硬阔叶林两层 DOC 季节变化趋势月大致相同，均以 8 月达最低（见图 5 - 4）。

与 AN、AP、AK 不同，不同森林生态系统 DOC 含量差异不显著（见表 5 - 1）。

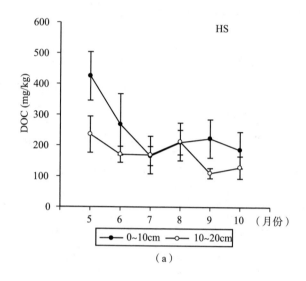

（a）

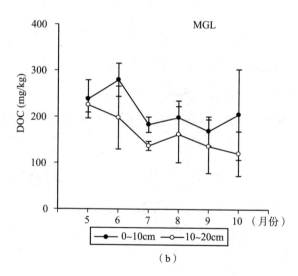

（b）

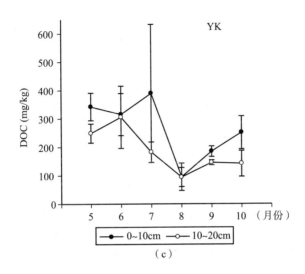

（c）

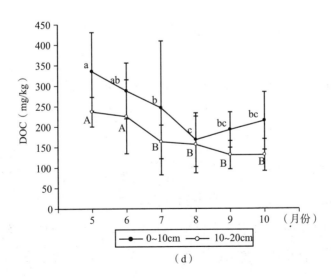

（d）

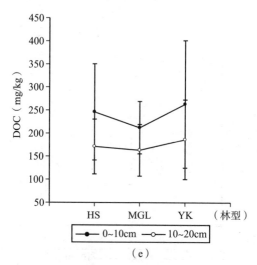

（e）

图 5 - 4　三种林型土壤可溶性有机碳（DOC）的季节动态

二、土壤速效养分与温度及水分的关系

Pearson 相关分析表明，各速效养分间相关性显著，AN 与 AK、DOC、AP 均显著正相关，AK 与 AP 显著正相关（见表 5 - 2）。

各速效养分与 MC 及 Ts 相关性显著，AN、AK、DOC 与 MC 显著正相关，DOC 与 Ts 显著负相关，AP 与 Ts 显著正相关（见表 5 - 2），分别建立 AN、AK、DOC 与 MC 之间以及 AP、DOC 与 Ts 的拟合关系，满足方程：$y = b_0 + b_1 x$（见图 5 - 5）。

表 5 - 2　　　　土壤速效养分与 MC 及 Ts 的相关系数

	AN	AK	DOC	AP	MC	Ts
AN		0. 535 **	0. 348 **	0. 490 **	0. 522 **	0. 004
AK			0. 153	0. 487 **	0. 562 **	0. 046
DOC				0. 026	0. 277 *	- 0. 313 *
AP					0. 228	0. 415 **

**, $P < 0.01$; *, $P < 0.05$。

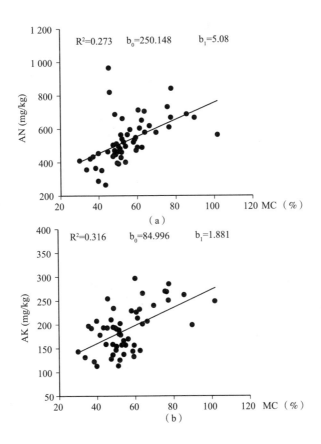

（a）

（b）

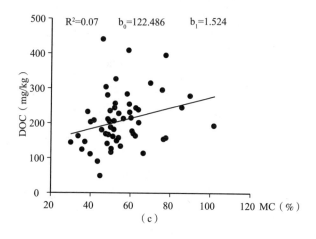

(c)

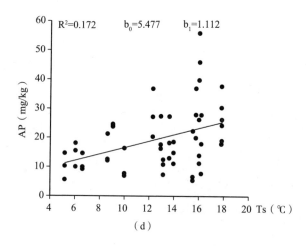

(d)

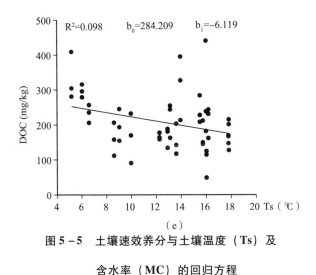

图 5-5　土壤速效养分与土壤温度（Ts）及

含水率（MC）的回归方程

第三节　讨论与结论

一、土壤速效养分的季节动态

土壤速效氮（AN），包括无机氮和部分有机质中易分解的、比较简单的有机态氮，是铵态氮、硝态氮、氨基酸、酰胺和易水解的蛋白质氮的总和。它是土壤中能被植物直接吸收并在短期内能转化为植物吸收的速效养分之一。虽然在养分总量中只占很少部分，但它是反映土壤养分供应能力的重要指标。研究表明，AN 在春、夏、秋三季差异不大，以 9 月 AN 浓度最高（见图 5 - 1），傅民杰等（2009）研究表明，帽儿山温带森林生态系统生长季土壤净氮矿化率均大于 0，9 月气温还比较高（见图 3 - 1），土壤微生物的活性仍比较强，土壤氮矿化能力依旧较强（傅民杰等，2009），此时降水较少，土壤中的速效氮淋失量低，且生长季末期，植被生长对土壤中养分的需求也减少，因此 9 月土壤中速效氮含量最高。

土壤速效磷是土壤中可被植物吸收的磷组分，包括全部水溶性磷、部分吸附态磷及有机态磷。土壤有效磷是土壤磷素养分供应水平高低的指标。研究结果表明 AP 含量随时间波动变化，7 月 AP 值较高（见图 5 - 2），这是因为 7~8 月，土壤温度较高，微生物对磷的矿化作用较强，土壤中的 AP 含量较高，但由于研究期间 8 月降水较多，使土壤磷素流失较多。

钾可促进植物蛋白质和碳水化合物的形成，土壤速效钾的含量，是衡量土壤钾素养分供应能力的现实指标。帽儿山森林生态系统土壤速效钾含量值季节变化没有速效氮和速效磷那么明显。这是因为钾是一价阳离子，它被土壤保存得相对更为牢固，缺乏一定的移动性，钾的淋洗损失极少发生。

土壤中的 DOC 是指可溶于水并能通过 0.45μm 孔径滤膜的有机碳，主要是一些组成简单的酸、糖和腐殖质。土壤 DOC 既是微生物分解有机质的代谢产物，又是微生物生长和繁殖的重要能量来源（朱志建等，2006）。帽儿山森林生态系统 DOC 在 5 月较高，随后逐渐下降（见图 5-4）。这是因为，秋季大量凋落物的输入提供了大量的代谢底物，在生物作用下转化为 DOC 累积。冬季低温，微生物代谢较弱，其维持呼吸所需要的能量较低（Brookes et al.，1990），因此土壤中积累的 DOC 消耗较少。春季气温逐渐回升，植被生长旺盛，土壤中的生物活动渐渐恢复活力，土壤微生物及土壤动物利用 DOC 合成自身物质，然后通过呼吸作用将其分解成 CO_2 释放出来，因此导致土壤中 DOC 消耗增加，尤其是 8 月降水较多使淋失增加，DOC 含量降至最低，秋季降雨量减少，生物生长减慢，土壤 DOC 含量也逐渐回升。土壤 DOC 含量的变化与微生物量碳的变化是一致的（刘爽和王传宽，2010）。

二、土壤速效养分的空间变异

研究表明，不同森林生态系统速效养分含量不同，AN、AP、AK 及 DOC 均以硬阔叶林最高（见图 5-1~图 5-4）。从立地条件下，三种林地土壤类型及林龄结构相似，其差异主要是源于植被组成及地形的不同。硬阔叶林地处温湿的山谷地带，土壤温度及湿度均较适宜（见表 2-1、图 3-1），阔叶树种凋落物易于分解，土壤中有机质含量较高（见表 2 - 2），为生物提供了丰富的矿化底物，有利于提高土壤微生物的活性，促进土壤养分的矿化（Bremer and Kuikman, 2007；傅民杰等，2009）。此外，硬阔叶林容重较低（见表 2 - 2），具有更好的通气透水性，利于土壤中微生物的矿化作用。红松人工林中残留了部分白桦、水曲柳等阔叶树种（见表 2 - 1），改变了红松纯林结构，阔叶树种凋落物改变了土壤有机质等养分含量。蒙古栎林位于山坡上部，容重小，易失水，温度变幅大，土壤干旱贫瘠，土层薄，结构不稳定，微生物活性受抑制（傅民杰等，2009；刘爽和王传宽，2010）。因此虽然红松人工林为针叶林，蒙古栎林为阔叶林，但养分差异不大。

本研究中所有林型的速效养分均随土层的加深而下降（见图 5 - 1 ~ 图 5 - 4），主要是土壤表层通气性好，有较高的有机质含量，微生物量高，凋落物多，利于养分的积累，随着土层加深，土壤通气性下降，微生物减少，养分循环较慢，土壤养分含量较低（刘爽和王传宽，2010）。

第六章

土壤呼吸与土壤
动物相互关系

第一节　实验设计与方法

全球气候变化已成为科研工作者、政府机关乃至国际社会非常关注的领域（方精云，2000）。它对生态系统生产力、植物群落结构和土壤生化过程都产生了非常深刻的影响（IPCC，2007）。土壤动物是生态系统的重要组成部分，通过土壤生态系统碎屑食物网调节土壤生物群落的数量及结构组成，进而通过改变食物网结构和分解途径来影响土壤生态系统功能，而成为土壤生态系统分解作用和养分转化的重要调节者（Neher，

2001；Ritz and Trudgill，1999；Yeates，2003）。作为凋落物的粉碎者和取食者，土壤动物增加能刺激碳的矿化和凋落物的分解，斯坦登（Standen）发现寡毛纲及大蚊幼虫能加速羊胡子草凋落物的分解（Standen，1978），汉隆（Hanlon）和安德森（Anderson）研究表明橡树凋落物中土壤动物的密度对 CO_2 释放有显著影响（Hanlon and Anderson，1980），而安德烈（Andrén）and 史努尔（Schnürer）发现土壤动物数量对 CO_2 释放及凋落物分解没有影响（Andrén and Schnürer，1985）。由此可见，土壤动物对碳循环的影响和作用是非常复杂的，且所有这些研究均基于针对一种或几种土壤动物进行的，而土壤动物群落是如何影响土壤碳矿化还不清楚。库伊曼（Kooijman）研究表明有机体具备一个负反馈机制，使有机体的内部环境不随外部环境的变化而剧烈变化，从而使整个有机体基本保持稳定（Kooijman，1995）。作为土壤生态系统有机体的重要组成部分，土壤动物数量及群落结构会在全球变暖背景下产生何种响应，这种变化是否会对土壤异养呼吸及土壤碳收支产生影响，土壤异养呼吸与土壤动物群落结构变化之间是否也具有这样一个维持动态平衡的机制等等是本研究想要解决的问题。

　　采用双变量相关分析（bivariate correlation analysis）方法分

析土壤呼吸、土壤生物个体密度及多样性以及与土壤速效养分之间的关系，采用典范对应分析（canonical correspondence analysis，CCA）对优势类群和常见类群的数量与土壤环境因子进行分析。

第二节　实 验 结 果

一、土壤呼吸与土壤动物的关系

相关分析表明（见表6 - 1），不同温度条件下土壤动物对 RS 与 RH 的影响不同。

表6 - 1　　　　不同温度范围下土壤呼吸（RS）及
土壤异养呼吸（RH）的影响因子

TS	RS		RH	
	相关因子	相关系数	相关因子	相关系数
5℃~10℃	H'$_{mac}$	0.616 **	Onyc	0.538 **
	R$_{mac}$	0.613 **		

TS	RS		RH	
	相关因子	相关系数	相关因子	相关系数
10℃ ~ 15℃	S_{mes}	-0.599**	S_{mes}	-0.624**
	N_{mes}	-0.476*	H'_{mes}	-0.637**
	H'_{mes}	-0.484*	λ_{mes}	0.548*
	S_{mac}	-0.608**	Lumb	0.544*
	N_{mac}	-0.516*	Pros	-0.522*
	H'_{mac}	-0.483*	Nean	-0.482*
	R_{mac}	-0.526*	DOC	0.654**
	Lumb	-0.487*	AK	0.478*
	Cara	-0.509*		
	Pyrr	-0.555		
	DOC	0.721**		
15℃ ~ 20℃	Meso	-0.564*	Aran	0.559*
	Cera	0.627**	Cara	-0.491

注：H'——香农指数，R——丰富度指数，S——类群数，N——个体密度，λ——辛普森指数，mac——大型土壤动物，meo——中小型土壤动物，Lumb——正蚓科，Cara——步甲科，Pyrr——红蜉科，Meso——中气门亚目，Cera——螺科，Onyc——棘跳虫科，Pros——前气门亚目，Nean——疣跳亚科，Aran——蜘蛛目，DOC——土壤可溶性有机碳，AK——土壤有效磷，**，p < 0.01；*，p < 0.05。

土壤温度较低（5℃ ~ 10℃）时，大型土壤动物的多样性及丰富度指数与 RS 显著正相关，RH 除与棘跳虫科个体密度正相关外，其他土壤动物群落结构参数及土壤动物类群均对其没有显著影响。

土壤温度较高（15℃~20℃）时，土壤动物群落结构参数与 RS 及 RH 均无显著相关，仅个别土壤动物类群的个体密度对呼吸形成显著影响，且不同土壤动物类群对土壤碳通量的影响不同，中气门亚目个体密度与 RS 显著负相关，而蠓科个体密度与 RS 显著正相关，蜘蛛目个体密度与 RH 显著正相关，步甲科个体密度与 RH 显著负相关。

土壤温度在 10℃~15℃ 时，大型及中小型土壤动物类群数、个体密度及多样性程度均与土壤呼吸以及土壤异养呼吸负相关。

不同林型土壤动物对土壤呼吸影响不同，红松人工林土壤碳通量与一些土壤动物类群的个体密度密切相关，其中与蚁科、前气门亚目正相关，而与拟亚跳亚科、线蚓科、圆跳虫科负相关。蒙古栎林中小型土壤动物的丰富度与土壤碳通量正相关。硬阔叶林土壤碳通量与大型土壤动物密切相关，与大型土壤动物类个体密度、类群数负相关，与正蚓科、线蚓科、地蜈蚣目显著负相关（见表6-2）。

表 6 - 2 三种林型土壤呼吸（RS）及土壤异养呼吸（RH）的影响因子

林型	RS		RH	
	相关因子	相关系数	相关因子	相关系数
HS	Pseu	− 0. 569 *	Form	0. 522 *
			Ench	− 0. 585 *
			Pros	0. 547 *
			Smin	− 0. 535
MGL	Cera	0. 503 *	R_{mes}	0. 711 **
YK	N_{mac}	− 0. 376 **	S_{mac}	− 0. 486 *
	Lumb	− 0. 302 *	N_{mac}	− 0. 609 *
	Ench	− 0. 273 *	E_{mac}	0. 492 *
	Geop	− 0. 313 *	Ench	− 0. 566 *

注：R——丰富度指数，S——类群数，N——个体密度，E——均匀度指数，mac——大型土壤动物，meo——中小型土壤动物，Pseu——拟亚跳亚科，Form——蚁科，Ench——线蚓科，Pros——前气门亚目，Cera——螯科，Lumb——正蚓科。

二、土壤呼吸与土壤速效养分的关系

相关分析表明，在低温及高温时，RS 及 RH 均与土壤速效养分没有相关关系，土壤温度范围在 10℃ ~ 15℃ 时，DOC 是影响土壤呼吸的重要因子，与土壤碳通量呈显著正相关的关系（见表 6 - 1）。将土壤温度在 10℃ ~ 15℃ 的 DOC 含量及土壤碳通量 RS、RH 进行拟合，建立线性方程，R^2 分别为 0. 52 和 0. 427（见图 6 - 1）。

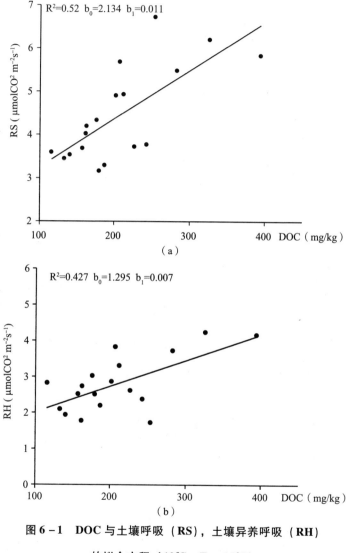

图6-1　DOC与土壤呼吸（RS），土壤异养呼吸（RH）

的拟合方程（10℃＜Ts＜15℃）

三、土壤动物与土壤速效养分的关系

利用 CCA 分析了大型土壤动物优势类群及常见类群 5～10 月个体密度与速效养分包括 DOC、AN、AP、AK 之间的关系（见图 6 - 2）。5 月第一轴和第二轴的 Eigenvalues 值分别为 0.166 和 0.054，第一轴解释了物种变量的 75.5%，第二轴解释了物种变量的 100%。结果表明 CCA 第一排序轴（主要反映土壤 AN、AK、AP）和第二排序轴（主要反映 DOC）能较好地被所实测的环境变量解释。从图中可以发现大型土壤动物类群个体密度与土壤速效养分的关系。例如步甲科位于图中部，受各种环境因子影响较大，分布较广泛，蚁科主要分布在 AK 较高的地区，而隐翅甲科、线蚓科、叩甲科主要分布在 DOC 较高的地区。整体看来，多数大型土壤动物分布集中在图中部，分布较广泛。

6 月第一轴和第二轴的 Eigenvalues 值分别为 0.186 和 0.07，第一轴解释了物种变量的 72.8%，第二轴解释了物种变量的 100%。从图中可以发现大型土壤动物个体密度与土壤速效养分的关系。AN、DOC、AP 呈正相关关系，在硬阔叶林这三种速效养分含量较高，蠓科、石蜈蚣目、线蚓科及腹足纲主要分布在这三种速效养分含量较高的地点。

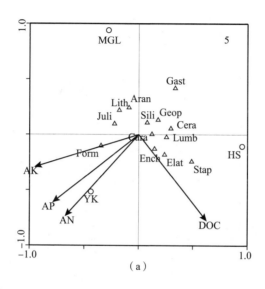

（a）

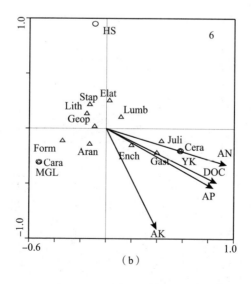

（b）

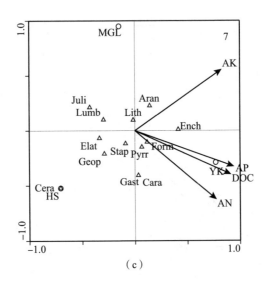

（c）

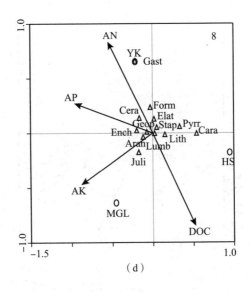

（d）

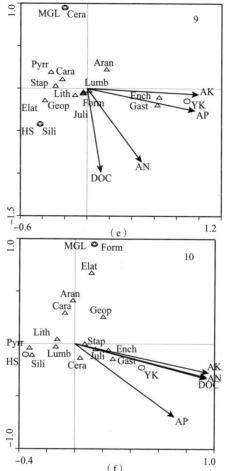

图 6 - 2　大型土壤动物个体密度与土壤速效
养分典型对应分析（CCA）

注：Lumb——正蚓科，Ench——线蚓科，Lith——石蜈蚣目，Form——蚁科，Geop——地蜈蚣目，Aran——蜘蛛目，Juli——马陆目，Stap——隐翅甲科，Cara——步甲科，Gast——腹足纲，Cera——蠓科，Elat——叩甲科，Pyrr——红蜡科，Sili——蚋科。

7月第一轴和第二轴的 Eigenvalues 值分别为 0.170 和 0.057，第一轴解释了物种变量的 74.9%，第二轴解释了物种变量的 100%。结果表明 CCA 第一排序轴主要反映土壤 DOC 和 AP，从图中可以看出螨科主要集中分布在红松人工林，与 AK 含量呈负相关关系，线蚓主要分布在第一轴，与 DOC、AP 呈正相关。

8月第一轴和第二轴的 Eigenvalues 值分别为 0.088 和 0.019，第一轴解释了物种变量的 82.1%，第二轴解释了物种变量的 100%。CCA 第一排序轴主要反映土壤 AK、AP。从图中可以发现多数大型土壤动物分布集中在图中部，分布较广泛。腹足纲依旧与 AN 含量正相关，在硬阔叶林分布较多。

9月第一轴和第二轴的 Eigenvalues 值分别为 0.122 和 0.046，第一轴解释了物种变量的 70.7%，第二轴解释了物种变量的 100%。CCA 第一排序轴主要反映土壤 AK 和 AP，第二排序轴主要反映 DOC 和 AN。螨科主要集中分布于蒙古栎林，蚋科主要分布于红松人工林，线蚓科及腹足纲主要分布于 AK 及 AP 含量较高的硬阔叶林。

10 月第一轴和第二轴的 Eigenvalues 值分别为 0.222 和 0.171，第一轴解释了物种变量的 56.6%，第二轴解释了物种变量的 100%。CCA 第一排序轴主要反映土壤 AN、AK、AP、和 DOC。从图中可以看出硬阔叶林速效养分含量较高，线蚓、腹足纲等依旧分布硬阔叶林，蚁科及叩甲科主要分布于蒙古栎林，蚋科及红螯科主要分布在红松人工林。

利用 CCA 分析了中小型土壤动物优势类群及常见类群，5～10月个体密度与速效养分包括 DOC、AN、AP、AK 之间的关系（见图 6－3）。5 月第一轴和第二轴的 Eigenvalues 值分别为 0.016 和 0.002，第一轴解释了物种变量的 91.2%，第二轴解释了物种变量的 100%。结果表明 CCA 第一排序轴（主要反映土壤 AN、AK、AP）和第二排序轴（主要反映 DOC）能较好地被所实测的环境变量解释。从图中可以发现中小型土壤动物集中在图中部，受四种速效养分影响均较明显，分布较广泛，原尾目集中分布在硬阔叶林。

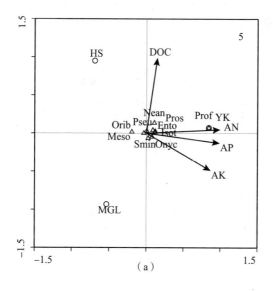

(a)

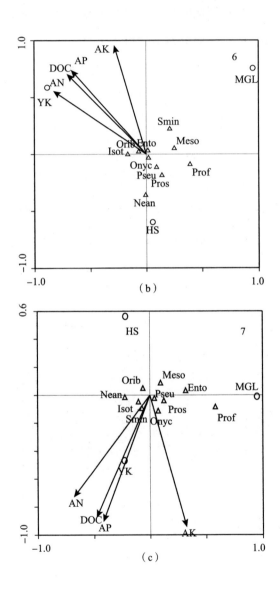

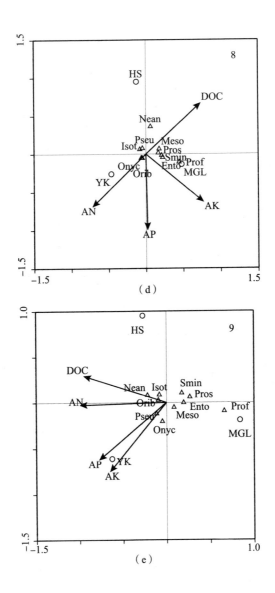

（d）

（e）

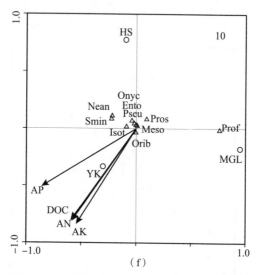

图 6 – 3　中小型土壤动物个体密度与土壤速效

养分典型对应分析（CCA）

　　注：Orib——甲螨亚目，Isot——等节跳科，Meso——中气门亚目，Onyc——棘跳虫科，Pros——前气门亚目，Ento——长角跳科，Pseu——拟亚跳亚科，Smin——圆跳虫科，Prof——原尾目，Nean——疣跳亚科。

　　6 月第一轴和第二轴的 Eigenvalues 值分别为 0.044 和 0.014，第一轴解释了物种变量的 75.8%，第二轴解释了物种变量的 100%。第二轴主要反映 AK。从图中可以发现中小型土壤动物个体密度与土壤速效养分多呈现负相关关系。

　　7 月第一轴和第二轴的 Eigenvalues 值分别为 0.063 和 0.019，第一轴解释了物种变量的 77.2%，第二轴解释了物种变量的100%。CCA第二排序轴主要反映土壤AK和AP，从图中可以看出硬阔叶林速效养分含量较高，中小动物类群分布依旧比较广泛，原尾目集中分布在蒙古栎林。

8月第一轴和第二轴的Eigenvalues值分别为0.091和0.02，第一轴解释了物种变量的77.8%，第二轴解释了物种变量的100%。CCA第一排序轴主要反映土壤AN、AK、DOC，第二轴主要反映AP，从图中可以发现多数中小型土壤动物分布集中在图中部，分布较广泛。

9月第一轴和第二轴的Eigenvalues值分别为0.05和0.017，第一轴解释了物种变量的75.1%，第二轴解释了物种变量的100%。CCA第一排序轴主要反映土壤DOC和AN，第二排序轴主要反映AK。中小型土壤动物适应性较强，分布较广泛，原尾目集中分布在蒙古栎林。

10月第一轴和第二轴的Eigenvalues值分别为0.038和0.008，第一轴解释了物种变量的83.4%，第二轴解释了物种变量的100%。CCA第一排序轴主要反映土壤AP，第二轴主要反映了DOC、AN、AK，从图中可以看出硬阔叶林速效养分含量较高，中小型土壤动物分布依旧集中在图中部，分布较广泛，原尾目集中分布在蒙古栎林。

第三节　讨论和结论

一、土壤动物与土壤呼吸的关系

土壤动物是土壤腐屑食物网的重要组成部分（Wardle et al.，2004），是土壤生态系统碳循环的重要组成部分。植物和土壤有机质中的碳通过初级消费者（细菌、真菌或植食性动物）进入食物网，而次级消费者和三级消费者（土壤动物）则通过取食作用来消耗和固定土壤中的碳。土壤动物通过调节土壤生物群落的数量及结构组成，进而通过改变食物网结构和分解途径来影响土壤生态系统碳循环（Neher，2001；Ritz and Trudgill，1999；Yeates，2003）。同时，土壤动物呼吸是土壤异养呼吸的重要组成部分，佩尔松（1989）综合文献发现不同生态系统中土壤动物呼吸在土壤异养呼吸中均占有一定比例——在针叶林中占1%～5%；在落叶林中占3%～13%；在湿地草原占5%～25%（Persson，1989）。沙佛（1990）也发现土壤动物贡献了异养呼吸的11%（Schaefer，1990）。在全球变暖的背景下，土壤动物与碳循环之间的关系变得尤为重要，尽管我们已经认识到土壤动物是生态系统重要的分解者（Wardle，1995；Wardle et al.，2004；Lenoir et al.，2007；Barrett et al.，2008；Wall et al.，2008；Ayres et al.，2009；Wall et al.，2010；Rouifed et al.，2010），但在实际测量中，往往被忽略（唐罗忠，2008）。

土壤动物对土壤呼吸的影响是随环境变化而改变的，斯威夫特在1979年就指出土壤动物对分解的贡献随气候区而不同，中纬度地区最大，向低纬度和高纬度递减（Swift et al.，1979）。沃尔（2008）等也表明，土壤动物的分解作用是受气候因子影响的（Wall et al.，2008）。本研究结果表明，土壤温度较低（5℃~10℃）时，大型土壤动物的多样性及丰富度指数与土壤呼吸呈显著正相关；土壤温度为10℃~15℃时，大型及中小型土壤动物类群数、个体密度及多样性程度均与土壤呼吸以及土壤异养呼吸呈负相关；而土壤温度较高时（15℃~20℃），土壤动物群落结构参数及土壤动物多样性均对其没有显著影响（见表6-1）。这是因为温度较低时土壤动物数量较少，土壤动物通过破碎凋落物增加微生物的分解接触面积，从而加强了微生物的活性，而温度升高，导致土壤动物密度增加，土壤动物对凋落物及微生物的大量取食抵消了这一作用（Hanlon and Anderson，1980）。研究还发现，大型土壤动物的种类、数量及多样性对土壤呼吸影响较大，相对比较，土壤异养呼吸与中小型土壤动物种类、数量及多样性关系更密切（见表 6-1）。这是因为大型土壤动物与中小型土壤动物食性及生态功能不同，大型土壤动物通过排泄、掘穴、取食和消化等对土壤过程改变土壤结构而改变资源的可利用性，其生命活动会对植物根部产生重要影响从而通过影响土壤根系呼吸及土壤异养呼吸而影响土壤呼吸总量，中小型土壤动物重要的作用表现为通过取食微生物，以及破碎凋落物增大微生物分解的接触面积，对微生物的数量及活性进行调节。微生物呼吸是土壤异养呼吸的主要组成部分，因而土壤异养呼吸与中小型土壤动物的关系更密切。土壤动物对呼吸作用的影响因温度而异，不同森林生态系统下，土壤动物对土壤呼吸的作用也是不同的，蒙古栎林与中小型土壤动物丰富度正相关，而硬阔叶林与大型土壤动物关系更密切（见表 6-2），这与森林生态系统土壤动物群落组成有关。

二、土壤呼吸与土壤可溶性有机碳的关系

DOC 是指在一定的时空条件下，受植物和微生物影响强烈，具有一定溶解性，在土壤中移动比较快、不稳定、易氧化、易分解、易矿化，其形态、空间位置对植物、微生物来说活性比较高的那一部分土壤碳素，是土壤有机碳的组成部分之

一（沈宏等，1999）。土壤 DOC 浓度和通量是土壤环境变化的敏感指标，在陆地生态系统碳循环中起着重要作用（Cook and Allan，1992；曹建华等，2000）。

研究发现，在一定的土壤温度范围内（10℃～15℃），土壤呼吸与土壤可溶性有机碳（DOC）显著正相关（见表 6－1）。在温度较低的生长季初期及末期，土壤中 DOC 含量较高（见图 5－4），而此时土壤动物及微生物的活性较弱，呼吸率较低，消耗的能量较少（见图 3－4、图 3－7），因此土壤生物代谢能量供应充足，DOC 含量对土壤动物及微生物活性未构成显著影响。随着温度的升高，土壤生物活性因温度刺激增强，耗竭大量DOC，土壤中 DOC 含量成为土壤呼吸的制约因素，形成显著正相关关系（见表 6－1）。随着温度的进一步升高，土壤中的 DOC 含量被消耗较多，土壤生物获取基质困难，因此出现土壤呼吸对温度升高响应不敏感或迟钝的现象（见图 3－3、图 3－6）。

三、土壤动物与土壤速效养分的关系

由图 6－2 和图 6－3 可以看出，土壤速效养分对大型土壤动物与中小型土壤动物是不同的，相对于大型土壤动物而言，中小型土壤动物对土壤速效养分变化的适应性强，其分布并未随土壤速效养分的变化而显著变化，从 5 ~ 10 月在三个林型间分布均较广泛。原尾目与其他中小型土壤动物不同，生长季期间，主要分布在蒙古栎林。

大型土壤动物分布受土壤速效养分影响较大，不同土壤动物类群分布对土壤速效养分响应不同，如腹足纲和线蚓科多分布在土壤速效养分含量较高的地区，不同的土壤动物具有不同的生态功能，土壤动物组成发生变化，进而会对土壤生态系统功能产生影响。

第七章

主要结论与展望

一、主要结论

我国东北东部天然次生林区三个典型森林生态系统土壤呼吸、土壤异养呼吸、大型及中小型土壤动物群落结构及多样性以及土壤速效养分差异程度不一，是众多因子协同作用的结果。不同森林生态系统的土壤呼吸，土壤异养呼吸，大型及中小型土壤动物群落结构及多样性以及土壤速效养分具有明显的时间变化，主要受温度驱动。

（一）土壤呼吸及土壤异养呼吸季节变化格局及对温度变化的响应

帽儿山三种森林生态系统 RS 及 RH 均具有明显单峰曲线季

节变化格局，高峰值出现在 7~8 月。Ts 及 Ta 是影响 RS 及 RH 季节变化的主要因素，随着温度升高，土壤向大气中会释放更多的 CO_2，即碳循环与全球变暖之间存在着一个正反馈机制。生长季 RH/RS 比值波动在 57.70%~68.21%，且呈现随温度增高而增大的趋势，即全球变暖对土壤动物及土壤微生物的刺激作用更明显。

土壤释放碳通量的能力是随温度变化而变化的。随着温度地升高，土壤碳通量对温度的敏感程度即 Q_{10} 降低，表明 RS 与 Ts 之间的正反馈关系在一定程度上受到抑制。这将会在一定程度上缓和碳循环对全球变暖的正反馈效应，在大尺度模型估测时要充分考虑这一特点，否则将造成对陆地释放到大气中 CO_2 量的过高或者过低的估计。

（二）不同林型 RS 及 RH 的差异

三种林型因受植被组成，土壤理化性质，土壤动物及微生物等众多因子不同的影响，其土壤碳通量也表现出显著差异，红松人工林 RS 及 RH 均最低（2.83$molCO_2m^{-2}s^{-1}$，2.04$molCO_2m^{-2}s^{-1}$），硬阔叶林的 RS 及 RH 均最高（4.58$molCO_2m^{-2}s^{-1}$，2.73$molCO_2m^{-2}s^{-1}$）。从 RH/RS 比值来看，红松人工林比例最高（72%），即在针叶林中，土壤异养呼吸较土壤根系呼吸的贡献更大，而土壤异养呼吸受增温效应影响比较显著，由此可以推断，全球气温的变化对针叶林碳通量排放的影响更显著。

（三）土壤动物个体密度及群落结构的季节动态及空间差异

帽儿山森林生态系统大型及中小型土壤动物总个体密度在9～10月最高，这种变化与温度、湿度、凋落物数量等环境条件有关，也与生物节律有密切关系。帽儿山位于温带地区，温带地区环境条件（如光照、气温、降水、食物）的时间变化，促使土壤动物形成适应机制。9～10月温带地区进入生长季末期，森林凋落物层达到最厚，土壤养分充足，且这一时期部分昆虫开始进入土壤中冬眠，因此这一时期土壤中土壤动物个体密度最大。

生长季各月大型土壤动物 H' 多样性指数无显著差异，中小型土壤动物 H' 指数 7 月最高。这是因为不同土壤动物类群个体密度随时间变化规律不同，是一个此消彼长的过程。这说明土壤动物群落可以通过对不同类群数量及分布的调节维持不同温度条件下整个土壤动物群落的多样性结构及生态功能的稳定性，这是生物对环境变化的一种适应机制。

三种林型大型土壤动物及中小型土壤动物空间分布不同，蒙古栎林坡土壤动物群落稳定性强，大型土壤动物总密度小于其他两个森林群落。红松人工林与硬阔叶林的立地条件相似。

硬阔叶林土壤动物略少于红松人工林。

（四）土壤动物个体密度及群落结构与温度和湿度的关系

相关分析发现，大型土壤动物个体密度与土壤温度、空气温度显著负相关，与土壤含水率正相关。帽儿山地处温带季风气候区，生长季气温及降水季节变化显著，因此温度及含水率对土壤动物个体密度均有显著影响。不同土壤动物类群对温度及含水率的响应不同，石蜈蚣目、隐翅甲科、红蜻科个体密度与温度没有显著相关，其他大型土壤动物优势类群及常见类群与温度具有显著负相关性。MC与线蚓科、蚁科、马陆科，腹足纲个体密度显著正相关，而与其他大型土壤动物类群没有相关性。中小型土壤动物类群总个体密度及多数类群个体密度与温度及湿度并不相关。这说明与大型土壤动物类群相比，弹尾目及蜱螨目对温度及含水率的变化有更强的适应性。

大型土壤动物多样性指数与MC及Ta相关性显著，中小型土壤动物多样性指数与MC没有显著相关关系，与土壤温度Ts显著相关。这与大型土壤动物和中小型土壤动物的栖息环境有关，大型土壤动物多分布于0～10cm的表层土壤中，而中小型土壤动物在枯枝落叶层分布比较集中。

（五）土壤速效养分的季节动态及空间变异

AN 在春、夏、秋三季差异不大，以 9 月 AN 浓度最高；AP 含量随时间波动变化；AK 含量值季节变化没有 AN 和 AP 那么明显；DOC 在 5 月较高，随后逐渐下降。不同森林生态系统速效养分含量不同，AN、AP、AK 及 DOC 均以硬阔叶林最高，所有林型的速效养分均随土层的加深而下降。速效养分含量的变化受温度、降水淋失及自身性质等诸多因素的影响，土壤速效养分是土壤生物能量供应的基础，其变化会对土壤生物产生显著影响。

（六）土壤动物与土壤呼吸的关系

土壤动物对土壤呼吸的影响是随环境变化而改变的，土壤温度较低（5℃~10℃）时，大型土壤动物的多样性及丰富度指数与土壤呼吸显著正相关；土壤温度为 10℃~15℃时，大型及中小型土壤动物类群数、个体密度及多样性程度均与土壤呼吸以及土壤异养呼吸负相关；而土壤温度较高时（15℃~20℃），土壤动物群落结构参数及土壤动物类群均对其没有显著影响。

大型土壤动物的种类、数量及多样性对土壤呼吸影响较大，相对比较，土壤异养呼吸与中小型土壤动物种类、数量及多样性关系更密切。

不同森林生态系统下，土壤动物对土壤呼吸的作用也是不同的，蒙古栎林与中小型土壤动物丰富度正相关，而硬阔叶林与大型土壤动物关系更密切。

（七）土壤呼吸与土壤可溶性有机碳的关系

在一定的土壤温度范围内（10℃ ~ 15℃），土壤呼吸与土壤可溶性有机碳（DOC）显著正相关。在温度较低的生长季初期及末期，土壤中 DOC 含量较高，DOC 含量对土壤动物及微生物活性未构成显著影响。随着温度的升高，土壤生物活性因温度刺激增强，耗竭大量 DOC，土壤中 DOC 含量成为土壤呼吸的制约因素，形成显著正相关关系。随着温度的进一步升高，土壤中的 DOC 含量被消耗较多，土壤生物获取基质困难，出现土壤呼吸对温度升高响应不敏感或迟钝的现象。

（八）土壤动物与土壤速效养分的关系

土壤速效养分对大型土壤动物与中小型土壤动物是不同的，相对于大型土壤动物而言，中小型土壤动物对土壤速效养分变化的适应性强，从 5 ~ 10 月在三个林型间分布均较广泛。原尾目与其他中小型土壤动物不同，生长季期间，主要分布在蒙古栎林。

大型土壤动物分布受土壤速效养分影响较大，不同土壤动物类群分布对土壤速效养分响应不同，如腹足纲及线蚓科多分布在土壤速效养分含量较高的地区。不同的土壤动物具有不同的生态功能，土壤动物组成发生变化，进而会对土壤生态系统功能产生影响。

二、存在不足及研究展望

上述是有关东北东部三个森林生态系统土壤碳通量、土壤动物群落结构、多样性时空变化规律及相互作用研究所得出的初步结论。它们对于东北森林生态系统碳循环研究具有重要意义，但对于评价和预测全球气候变化条件下，东北森林生态系统在碳循环的源汇功能变迁、对气候变暖的响应、在我国甚至全球碳循环中的作用等，仍存在一定的距离。以下就是其中一些亟待解决的问题：

（一）土壤动物呼吸的分离量化

研究证明，土壤动物呼吸在土壤呼吸中具有十分重要的作用，但目前仍未有有效的方法可以对土壤动物呼吸进行分离量化。本研究中曾经尝试了电击驱虫法，药物驱虫法以及室内培养法，但均未取得理想效果，为进一步精确估算土壤碳通量的变化，将在这一方面继续研究。

（二） 加强对土壤动物分类的研究

目前土壤动物的分类方法是以形态学分类法为主，分类上比较粗糙，多数土壤动物分类到科，但仍有少部分类群只到纲或目的分类阶元，因此有可能导致不能客观地描述帽儿山土壤动物多样性。今后如有条件，应对土壤动物类群进行细分，尤其是中小型土壤动物中的蜱螨目与弹尾目，对它们的分类标准进行细化，有助于更好地了解土壤动物的生态功能。

（三） 加强对典型土壤动物类群及微生物针对性的研究

不同的土壤动物类群具有不同的生态功能，且通过土壤碎屑食物网对其他类群数量及分布产生影响。目前对土壤动物的研究还仅局限于整个群落多样性或者功能团的研究层面，对于一些特征种的研究针对性不强。

微生物是凋落物分解的主要动力，对其进行研究有利于土壤呼吸时空动态的准确揭示与分析，但是由于现有测量技术的限制，很难对其进行跟踪研究，这也是要解决的问题之一。

（四） 研究方法的统一

目前不同研究对土壤呼吸的测量方法有所差异，有静态箱法、碱液吸收法、红外气体分析法等等，不同研究方法的差异不利于较大时空尺度上的数据整合和模型预测。因此，在今后的研究中，对不同研究方法进行比较和校正，保证大尺度研究的精度。

土壤动物分布迁移能力较强，运用目前的采样方法可能导致部分土壤动物未能采集到，此外目前对土壤动物取样深度没有一致的标准，导致对不同地区土壤密度的比较有一定难度。

（五）进一步补充观测数据

由于本研究只提供了一个生长季的数据，不能得出土壤动物及土壤呼吸的年际变化规律。如果用目前的观测数据来进行区域预测存在着精度问题，尤其缺乏冬季数据，这一部分在计算年通量时不可忽略。另外，本研究只是针对红松人工林、硬阔叶林和蒙古栎林进行研究，尽管这三种林型是中高纬度地区典型的森林群落，但是仍不能完全代表东北地区森林生态系统。

参 考 文 献

[1] 曹建华，潘根兴，袁道先. 不同植物凋落物对土壤有机碳淋失的影响及岩溶效应. 第四纪研究，2000，20（4）：359－366.

[2] 陈全胜，李凌浩，韩兴国，董云社，王智平，熊小刚，阎志丹. 土壤呼吸对温度升高的适应. 生态学报，2004，24（11）：2649－2655.

[3] 陈全胜，李凌浩，韩兴国，阎志丹，王艳芬，张焱，袁志友，唐芳. 温带草原11个植物群落夏秋土壤呼吸对气温变化的响应. 植物生态学报，2003，27（4）：441－447.

[4] 方精云. 全球生态学——气候变化与生态响应. 北京：高等教育出版社和施普林格出版社，2000.

[5] 傅民杰，王传宽，王颖，刘实. 四种温带森林土壤氮矿化与硝化时空格局. 生态学报，2009，29（7）：3747－3758.

［6］国庆喜，张海燕，王兴昌，王传宽．东北典型森林土壤呼吸的模拟——IBIS 模型的局域化应用．生态学报，2010，30（9）：2295－2303．

［7］花可可，王小国，朱波．施肥方式对紫色土土壤异养呼吸的影响．生态学报，2014，34（13）：3602－3611．

［8］黄昌勇．土壤学．北京：中国农业出版社，2001．

［9］柯欣，徐建明，谢荣栋，翁朝联，杨毅明．浙江衢州中型土壤动物群落结构及其季节性变化．动物学研究，2003，24（2）：86－93．

［10］柯欣，赵立军，尹文英．青冈林土壤动物群落结构在落叶分解过程中的演替变化．动物学研究，1999，20（3）：207－213．

［11］李菊梅，王朝辉，李生秀．有机质、全氮和可矿化氮在反映土壤供氮能力方面的意义．土壤学报，2003，40（2）：233－457．

［12］李娜，张雪萍，张利敏．三种温带森林大型土壤动物群落结构的时空动态．生态学报，2013，33（19）：6236－6245．

［13］李天杰，郑应顺，王云．土壤地理学．高等教育出版社，1983：138－205．

［14］廖崇惠，李健雄，杨悦屏，张振才．海南尖峰岭热

带林土壤动物群落——群落结构的季节变化及其气候因素. 生态学报, 2003, 23 (1): 139 – 147.

　　[15] 刘继亮, 李锋瑞. 坡向和微地形对大型土壤动物空间分布格局的影响. 中国沙漠, 2008, 28 (6): 1104 – 1112.

　　[16] 刘爽, 王传宽. 五种温带森林土壤微生物生物量碳氮的时空格局. 生态学报, 2010, 30 (12): 3135 – 3143.

　　[17] 刘爽, 王传宽. 五种温带森林土壤微生物生物量碳氮的时空格局. 生态学报, 2010, 30 (12): 3135 – 3143.

　　[18] 刘文杰, 苏永中, 杨荣, 范桂萍. 黑河中游绿洲农田土壤速效养分的时空变化特征. 干旱区资源与环境, 2010, 24 (11): 129 – 134.

　　[19] 邵元虎, 傅声雷. 试论土壤线虫多样性在生态系统中的作用. 生物多样性, 2007, 15 (2): 116 – 123.

　　[20] 沈宏, 曹志洪, 胡正义. 土壤活性有机碳的表征及其生态效应. 生态学杂志, 1999, 18 (3): 32 – 38.

　　[21] 宋博, 马建华, 李剑, 魏林恒, 殷秀琴. 开封市土壤动物及其对土壤污染的响应. 土壤学报, 2007, 44 (3): 529 – 535.

　　[22] 宋洪宁, 杜秉海, 张明岩, 付伟章, 路晓萌, 李正华, 丁延芹. 环境因素对东平湖沉积物细菌群落结构的影响. 微生物学报, 2010, 50 (8): 1065 – 1071.

[23] 孙儒泳. 动物生态学原理. 北京师范大学出版社, 1987: 143 - 147.

[24] 唐罗忠. 土壤中根系呼吸通量的分离测定方法综述. 南京林业大学学报（自然科学版）, 2008, 32 (2): 97 - 102.

[25] 佟富春, 金哲东, 王庆礼, 肖以华. 长白山北坡土壤动物群落物种共有度的海拔梯度变化. 应用生态学报, 2003, 14 (10): 1723 - 1728.

[26] 王兵, 姜艳, 郭浩, 赵广东, 白秀兰. 土壤呼吸及其三个生物学过程研究. 土壤通报, 2011, 42 (2): 483 - 490.

[27] 王军, 姚海元, 麦俊伟, 张维球, 童晓立. 广州长岗山森林凋落物土壤动物群落结构及季节变化. 生态学杂志, 2008, 27 (3): 408 - 413.

[28] 杨金艳, 王传宽. 东北东部森林生态系统土壤碳贮量和碳通量. 生态学报, 2005, 25 (11): 2875 - 2882.

[29] 杨金艳, 王传宽. 东北东部森林生态系统土壤呼吸组分的分离量化. 生态学报, 2006, 26 (6): 1640 - 1647.

[30] 杨金艳, 王传宽. 土壤水热条件对东北森林土壤表面 CO_2 通量的影响. 植物生态学报, 2006, 30 (2): 286 - 294.

[31] 杨阔, 王传宽. 东北东部 5 中温带森林的春季土壤呼吸. 生态学报, 2010, 30 (12): 3155 - 3162.

[32] 殷秀琴, 宋博, 邱丽丽. 红松阔叶混交林凋落物—

土壤动物—土壤系统中 N、P、K 的动态特征. 生态学报，2007，27（1）：128 –134.

[33] 尹文英. 土壤动物学研究的回顾与展望. 生物学通报，2001，36（8）：1 –3.

[34] 张洪芝，吴鹏飞，杨大星，崔丽巍，何先进，熊远清. 青藏东缘若尔盖高寒草甸中小型土壤动物群落特征及季节变化. 生态学报，2011，31（15）：4385 –4397.

[35] 张乃莉，郭继勋，王晓宇，马克平. 土壤微生物对气候变暖和大气 N 沉降的响应. 植物生态学报，2007，31（2）：252 –261.

[36] 张卫健，许泉，王绪奎，卞新民. 气温上升对草地土壤微生物群落结构的影响（英文）. 生态学报，2004，24（8）：1742 –1747.

[37] 张雪萍，黄初龙，李景科. 赤子爱胜蚓对森林凋落物的分解效率. 生态学报，2005（25）：2427 –2433.

[38] 张雪萍，黄丽荣，姜丽秋. 大兴安岭北部森林生态系统大型土壤动物群落特征. 地理研究，2008，27（3）：509 –518.

[39] 张雪萍，李春艳，张思冲. 马陆在森林生态系统物质转化中的功能研究. 生态学报，2001（21）：75 –79.

[40] 赵军，孟凯，隋跃宇，韩秉进，张越，李宏伟. 海

伦黑土有机碳和速效养分空间异质性分析. 土壤通报, 2005, 36 (4): 487 - 492.

[41] 中华人民共和国林业部. 全国森林资源统计 (1989—1993). 1996.

[42] 朱立安, 魏秀国. 土壤动物群落研究进展. 生态科学, 2007, 26 (3): 269 - 273.

[43] 朱志建, 姜培坤, 徐秋芳. 不同森林植被下土壤微生物生物量碳和易氧化态碳的比较. 林业科学研究, 2006, 19 (4): 523 - 526.

[44] Ågren G. I. and Bosatta E. Reconciling differences in predictions of temperature response of soil organic matter. Soil Biology and Biochemistry, 2002 (34): 129 - 132.

[45] Andrén O. and Schnürer J. Barley straw decomposition with varied levels of microbial grazing by *Folsomia fimetaria* (*L.*) (Collembola, Isotomidae). Oecologia (Berlin), 1985 (68): 57 - 62.

[46] Ayres E. , Steltzer H. , Berg S. and Wall D. H. Soil biota accelerate decomposition in high-elevation forests by specializing in the breakdown of litter produced by the plant species above them. Journal of Ecology, 2009 (97): 901 - 912.

[47] Barrett J. E. , Virginia, R. A. , Wall D. H. and Adams B. Decline in a dominant invertebrate species contributes to altered

carbon cycling in a low-diversity soil ecosystem. Global Change Biology, 2008 (14): 1734 – 1744.

[48] Blagodatskaya E. V. , Anderson T. H. Interactive effects of pH and substrate quality on the fungal-to-bacterial ratio and qCO_2 of microbial communities in forest soils. Soil Biology and Biochemistry, 1998 (30): 1269 – 1274.

[49] Bond – Lamberty B and Thomson A. Temperature-associated increases in the global soil respiration record. Nature, 2010 (464): 579 – 582.

[50] Bond – Lamberty B, Wang C, and Gower S. T. A global relationship between the heterotrophic and autotrophic components of soil respiration? Global Change Biology, 2004 (10): 1756 – 1766.

[51] Bond – Lamberty B. and Thomson A. Temperature-associated increases in the global soil respiration record. Nature, 2010 (464): 579 – 582.

[52] Bond – Lamberty B. , Wang C. and Gower S. T. The contribution of root respiration to soil surface CO_2 flux in a boreal black spruce chronosequence. Tree Physiology, 2004 (22): 993 – 1001.

[53] Bongers T. , Ferris H. Nematode community structure as a bioindicator in environmental monitoring. Trends in Ecology and Evo-

lution, 1999 (14): 224 - 228.

[54] Boone, R. D. , Nadelhoffer, K. J. , Canary, J. D. , Kaye, J. P. Roots exert a strong influence on the temperature sensitivity of soil respiration. Nature, 1998 (396): 570 - 572.

[55] Bowden, R. D. , Nadelhoffer, K. J. , Boone, R. D. , Melillo, J. M. and Garrison, J. B. Contribution of aboveground litter, belowground litter, and root respiration total soil respiration in a temperate mixed hardwood forest. Canadian Journal of Forest Research, 1993 (23): 1402 - 1407.

[56] Bremer E. and Kuikman P. Influence of competition for nitrogen in soil on net mineralization of nitrogen. Plant and Soil, 1997 (190): 119 - 126.

[57] Brookes P. C. , Ocio J. A. and Wu J. The soil microbial biomass: its measurement, properties and role in nitrogen carbon dynamics following substrate incorporation. Soil Microorganisms, 1990 (35): 39 - 51.

[58] Buchmann N. Biotic and abiotic factors controlling soil respiration rates in Picea abies stands. Soil Biology and Biochemistry, 2000 (32): 1625 - 1635.

[59] Butler J. L. , Gotelli N. J. and Ellison A. M. Linking the brown and green: nutrient transformation and fate in the sarracenia

microecosystem. Ecology, 2008, 89 (4): 898 - 904.

[60] Buyanovsky, G. A. , and Wagner, G. H. Soil respiration and carbon dynamics in parallel native and cultivated ecosystems. In: Soils and Global Change. Boca Raton: CRC Press, 1995: 209 - 217.

[61] Buyanovsky, G. A. , Kucera, C. L. , and Wagner, G. H. Comparative analyses of carbon dynamics in native and cultivated ecosystems. Ecology, 1987 (68): 2023 - 2031.

[62] Conant R. T. , Dalla - Betta P. , Klopatek C. C. and Klopatek J. M. Controls on soil respiration in semiarid soil. Soil Biology and Biochemistry, 2004 (36): 945 - 951.

[63] Cook B. D. and Allan D. L. Dissolved organic carbon in old field soils: compositional changes during the biodegradation of soil organic matter. Soil Biology and Biochemistry, 1992, 24 (6): 595 - 600.

[64] Cox P. M. , Betts R. A. , Jones C. D. , Spall S. A. and Totterdell I. J. Acceleration of global warming due to carbon-cycle feedbacks in a coupled climate model. Nature, 2000 (408): 184 - 187.

[65] Dalias P. , Anderson J. M. , Bottner P. and Coûteaux M. Temperature responses of carbon mineralization in conifer forest

soils from different regional climates incubated under standard laboratory conditions. Global Change Biology, 2001 (6): 181 – 192.

[66] Davidson E. A. and Janssens I. A. Temperature sensitivity of soil carbon decomposition and feedbacks to climate change. Nature, 2006 (440): 165 – 173.

[67] Davidson E. A. , Belk E. and Boone R. D. Soil water content and temperature as independent or confounded factors controlling soil respiration in a temperate mixed Hardwood Forest. Global Change Biology, 1998 (4): 217 – 227.

[68] Davidson E. A. , Janssens I. A. and Luo Y. Q. On the variability of respiration in terrestrial ecosystems: moving beyond Q_{10}. Global Change Biology, 2006 (12): 154 – 164.

[69] Deharveng L. Recent advances in Collembola systematic. Pedobiologia-International Journal of Soil Biology, 2004, 48 (5): 415 – 433.

[70] Del Grosso S. J. , Parton W. J. , Mosier A. R. , Holland E. A. , Pendall E. , Schimel D. S. , Ojima D. S. Modeling soil CO_2 emissions from ecosystems. Biogeochemistry, 2005 (73): 71 – 91.

[71] Díaz S. , Hector A. and Wardle D. A. Biodiversity in forest carbon sequestration initiatives: not just a side benefit. Current

Opinion in Environmental Sustainability, 2009 (1): 55 - 60.

[72] Doblas - Miranda E. , Sánchez - Piñero F. and González - Megías. Different microhabitats affect soil macroinvertebrate assemblages in a Mediterranean arid ecosystem. Applied Soil Ecology, 2009 (41): 329 - 335.

[73] Dorrepaal E. , Toet S. , van Logtestijn R. S. P. , Swart E. , van de Weg M. J. , Callaghan T. V. and Aerts R. Carbon respiration from subsurface peat accelerated by climate warming in the subarctic. Nature, 2009 (460): 616 - 619.

[74] Ekschmitt K. , Bakonyi G. , Bongers M. , Bongers T. , Bostrom S. , Dogan H. , Harrison A. , Nagy P. , O'Donnell A. G. , Papatheodorou E. M. , Sohlenius B. , Stamou G. P. and Wolters V. Nematode community structure as indicator of soil functioning in European grassland soils. European Journal of Soil Biology, 2001 (37): 263 - 268.

[75] Ewel K. C. , Cropper W. P. Jr and Gholz H. L. Soil CO_2 evolution in Florida slash pine plantations. II. Importance of root respiration. Canadian Journal of Forest Research, 1987 (17): 330 - 333.

[76] Fang C. and Moncrieff J. B. The dependence of soil CO_2 efflux on temperature. Soil Biology and Biochemistry, 2001 (33):

155 - 165.

[77] Ferris H. , Bongers T. and de Goede R. G. M. A framework for soil food web diagnostics: extension of the nematode faunal analysis concept. Applied Soil Ecology, 2001 (18): 13 - 29.

[78] Fierer N. , Craine J. M. , Mclauchlan K. and Schimel J. P. Litter quality and the temperature sensitivity of decomposition. Ecology, 2005, 86 (2): 320 - 326.

[79] Froment, A. Soil respiration in a mixed oak forest. Okios, 1972 (23): 273 - 277.

[80] Fu S. L. , Coleman D. C. , Hendrix P. F. and Crossley Jr. D. A. Responses of trophic groups of soil nematodes to residue application under conventional tillage and no-till regimes. Soil Biology and Biochemistry, 2000 (32): 1731 - 1741.

[81] Fung I. Y. , Tucker C. J. and Prentice K. Application of advanced very high resolution vegetation index to study atmosphere-biosphere exchange of CO_2. Journal of Geophysical Research, 1987 (92): 2999 - 3015.

[82] Gholz H. L. , Wedin D. A. , Smitherman S. M. , Harmon M. E. and Parton W. J. Long-term dynamics of pine and hardwood litter in contrasting environments: toward a global model of decomposition. Global Change Biology, 2000 (6): 751 - 765.

[83] Gower S. T. , Krankina O. N. and Olson R. J. Net prima-ry production and carbon allocation patterns of boreal forest ecosys-tems. Ecological Applications, 2001 (11): 1395 – 1411.

[84] Gupta S. R. and Singh, J. S. Soil respiration in a tropical grassland. Soil Biology and Biochemistry, 1981 (13): 261 – 268.

[85] Hanlon R. D. G. and Anderson J. M. Influence of macro-arthropod feeding activities on microflora in decomposing oak leav-es. Soil Biology and Biochemistry, 1980 (12): 255 – 261.

[86] Hanson, P. J. , Edwards, N. T. , Garten, C. T. , and Andrews, J. A. Separating root and soil microbial contributions to soil respiration: A review of methods and observations. Biogeochem-istry, 2000 (48): 115 – 146.

[87] Heemsbergen D. A. , Berg M. P. , Loreau M. , van Hal J. R. , Faber J. H. and Verhoef H. A. Biodiversity effects on soil processes explained by interspecific functional dissimilarity. Science, 2004 (306): 1019 – 1020.

[88] Heimann M and Reichstein M. Terrestrial ecosystem car-bon dynamics and climate feedbacks. Nature, 2008 (451): 289 – 292.

[89] Hogberg P. , Nordgren A. , Buchmann N. , Taylor A. F. S. Ekblad A. , Hogberg M. N. , Nyberg G. Ottosson – Lofvenius

M. and Read D. J. Large-scale forest girdling shows that current photo-synthesis drives soil respiration. Nature, 2001 (411): 789 –792.

[90] Hooper D. U. , Bignell D. E. , Brown V. K. , Brussaard L. , Dangerfield J. M. , Wall D. H. , Wardle D. A. , Coleman D. C. , GillerK. E. , Lavelle P. , PuttenW. H. V. , Ruiter P. C. D. , Rusek J. , Silver W. L. , Tiedje J. M. , Wolters V. Interaction between Aboveground and Belowground Biodiversity in Terrestrial Ecosystems: Patterns, Mechanisms and Feedbacks. BioScience, 2001, 50 (12): 1049 –1061.

[91] Ingram J. and Freckman D. W. Soil biota and global change. Global Change Biology, 1998 (4): 699 –701.

[92] IPCC, 2007: 气候变化 2007: 综合报告. 政府间气候变化专门委员会第四次评估报告第一、第二和第三工作组的报告 [核心撰写组、Pachauri, R. K 和 Reisinger, A. （编辑）]. IPCC, 瑞士, 日内瓦, 104.

[93] Jenkinson D. S. , Adams D. E. , and Wild A. Model estimates of CO_2 emissions from soil in response to global warming. Nature, 1991 (351): 304 –306.

[94] Johnson I. R. and Thornley J. H. M. Dynamic model of the response of a vegetative grass crop to light, temperature and nitrogen. Plant, Cell and Environment, 1985 (8): 485 –499.

[95] Jones C. G. , Lawton J. H. and Shachak M. Organisms as ecosystem engineers. Oikos, 1994 (69): 373 - 386.

[96] Keith H. , Jacobsen K. L. and Raison R. J. Effects of soil phosphorus availability, temperature and moisture on soil respiration in Eucalyptus pauciflora Forest. Plant and Soil, 1997 (190): 127 - 141.

[97] Kibblewhite M. G. , Ritz K. , Swift M. J. Soil health in agricultural systems. Philosophical Transactions of the Royal Society Series B, 2008 (363): 685 - 701.

[98] Kirschbaum M. U. F. The temperature dependence of soil organic matter decomposition, and the effect of global warming on soil organic C storage. Soil Biology and Biochemistry, 1995 (27): 753 - 760.

[99] Kooijman S. A. L. M. The stoichiometry of animal energetics. Journal of Theoretical Biology, 1995 (177): 139 - 149.

[100] Kucera C. and Kirkham D. Soil respiration studies in tall grass prairie in Missouri. Ecology, 1971 (52): 912 - 915.

[101] Kuzyakov Y. Sources of CO_2 efflux from soil and review of partitioning methods. Soil Biology and Biochemistry, 2006 (38): 425 - 448.

[102] Landsberg J. J. and Gower S. T. 1997. Applications of

physiological ecology to forest management, San Diego: Academic, 1997: 354.

[103] Lavelle P. Faunal activities and soil processes: adaptive strategies that determine ecosystem function. Advances in Ecological Research, 1997 (27): 93 - 132.

[104] Lavelle P., Bignell D., Lepage M., Wolters V., Roger P., Ineson P, Heal O. W. and Dhillion S. Soil function in a changing world: the role of invertebrate ecosystem engineers. European Journal of Soil Biology, 1997 (33): 159 - 193.

[105] Lavigne M. B., Ryan M. G., Anderson D. E., Baldocchi D. D., Crill P. M., Fitzjarrald D. R., Goulden M. L., Gower S. T., Massheder J. M., Mccaughey J. H., Rayment M. and Striegl R. G. Comparing nocturnal eddy covariance measurements to estimates of ecosystem respiration made by scaling chamber measurements at six coniferous boreal sites. Journal of Geophysical Research - Atmospheres, 1997 (102): 28977 - 28985.

[106] Lenoir L., Persson T., Bengtsson J., Wallander H. and Wirén A. Bottom-up or top-down control in forest soil microcosms? Effects of soil fauna on fungal biomass and C/N mineralisation. Biology Fertility of Soils, 2007 (43): 281 - 294.

[107] Lessard R., Rochette P., Topp E., Pattey E., Desjar-

dins R. L. and Beaumont G. Methane and carbon dioxide fluxes from poorly drained adjacent cultivated and forest sites, Canadian Journal of Soil Research, 1994 (74): 139 - 146.

[108] Lin G. , Ehleringer J. R. and Rygiewicz P. T. Elevated CO_2 and temperature impacts on different components of soil CO_2 efflux in Douglas-fir terracosms. Global Change Biology, 1999 (5): 157 - 168.

[109] Lloyd J. and TaylorJ. A. On the temperature dependence of soil respiration, Functional Ecology, 1994 (8): 315 - 323.

[110] Lomander A. , Kätterer T. and Andrén O. Modelling the effects of temperature and moisture on CO_2 evolution from top-and subsoil using a multi-compartment approach. Soil Biology and Biochemistry, 1998 (30): 2023 - 2030.

[111] Lukow T. , Dunfield P. F. , Liesack W. Use of the T - RFLP technique to assess spatial and temporal changes in the bacterial community structure within an agricultural soil planted with transgenic and non-transgenic potato plants. FEMS Microbiology Ecology, 2000 (32): 241 - 247.

[112] Lundegårdh H. Carbon dioxide evolution of soil and crop growth. Soil Science, 1927 (23): 417 - 453.

[113] Luo Y. Q. , Wan S. Q. , Hui D. F. and Wallace L. L.

Acclimatization of soil respiration to warming in a tall grass prairie. Nature, 2001 (413): 622 – 625.

[114] Makkonen M. , Berg M. P. , van Hal J. R. , Callaghan T. V. , Press M. C. and Aert R. Traits explain the responses of a sub-arctic Collembola community to climate manipulation. Soil Biology and Biochemistry, 2011 (43): 377 – 384.

[115] Melillo J. M. , Steudler P. A. , Aber J. D. , Newkirk K. , Lux H. , Bowles F. P. , Catricala C. , Magill A. , Ahrens T. and Morrisseau S. Soil warming and carbon-cycle feedbacks to the climate system. Science, 2002 (298): 2173 – 2176.

[116] Monson R. K. , Lipson D. L. , Burns S. P. , Turnipseed A. A. , Delany A. C. , Williams M. W. and Schmidt S. K. Winter forest soil respiration controlled by climate and microbial community composition. Nature, 2006 (439): 711 – 714.

[117] Moorhead D. L. , Currie W. S. , Rastetter E. B. , Parton W. J. and Harmon M. E. Climate and litter quality controls on decomposition: an analysis of modeling approaches. Global Biogeochemical Cycling, 1999 (13): 575 – 589.

[118] Nakane K. , Kohno T. and Horikoshi T. Root respiration rate before and just after clear-felling in a mature, deciduous, broad-leaved forest. Ecological Research, 1996 (11): 111 – 119.

[119] Neher D. A. Role of nematodes in soil health and their use as indicators. Journal of Nematology, 2001 (33): 161 - 168.

[120] Nikliǹiska M, Maryaǹski M. and Laskowski R. Effect of temperature on humus respiration rate and nitrogen mineralization: implication for global climate change. Biogeochemistry, 1999 (44), 239 - 257.

[121] Norman J. M. , Garcia R. , and Verma S. B. Soil surface CO_2 fluxes and the carbon budget of a grassland. Journal of Geophysical Research - Atmospheres, 1992 (97): 18845 - 18853.

[122] Paustian, K. , Andrén, O. , Clarholm, M. , Hansson, A. C. , Johansson, G. , Lagerlöf, J. , Lindberg, T. , Pettersson, R. , and Sohlenius, B. Carbon and nitrogen budgets of four agro-ecosystems with annual and perennial crops, with and without N fertilization. Journal of Applied Ecology, 1990 (27): 60 - 84.

[123] Persson T. Role of soil animals in C and N mineralisation. Plant and Soil, 1989 (115): 241 - 245.

[124] Post W. M. and Emanuel W. R. Soil carbon pools and world life zones. Nature, 1982 (298): 156 - 159.

[125] Pregitzer K. S. , King J. A. , Burton A. J. , and Brown S. E. Responses of tree fine roots to temperature. New Phytologist, 2000 (147): 105 - 115.

[126] Raich J. W. and Potter C. S. Global patterns of carbon dioxide emissions from soils. Global Biochemical Cycles, 1995 (9): 23 –36.

[127] Raich J. W. and Tufekcioglu A. Vegetation and soil respiration: Correlation and controls. Biogeochemistry, 2000 (48): 71 –90.

[128] Raich J. W. and Schlesinger, W. H. The global carbon dioxide efflux in soil respiration and its relationship to vegetation and climate. Tellus, 1992 (44B): 81 –90.

[129] Ritz K. and Trudgill D. L. Utility of nematode community analysis as an integrated measure of the functional state of soils: perspectives and challenges. Plant and Soil, 1999 (212): 1 –11.

[130] Rochette P. and Flsnagan L. B. Quantifying rhizosphere respiration in a corn crop under field condition. Soil Science Society of American Journal, 1997 (61): 466 –474.

[131] Rouifed S. , Handa I. T. , David J. F. and Hättenschwiler S. The importance of biotic factors in predicting global change effects on decomposition of temperate forest leaf litter. Oecologia, 2010 (163): 247 –256.

[132] Ryan, M. G. , Lavigne, M. G. and Gower, S. T. Annual carbon cost of autotrophic respiration in boreal forest ecosystems

帽儿山森林生态系统土壤动物及土壤碳通量动态研究

in relation to species and climate. Journal of Geophysical Research, 1997, 102 (D24): 28871 –28883.

[133] Schaefer M. The soil fauna of a beech forest on limestone: trophic structure and energy budget. Oecologia, 1990 (82): 128 – 136.

[134] Schimel D. S. , Alvves D. , Enting I. , Heimann M. , Joos F. , Raymond D. and Wigley T. *CO₂ and the carbon cycle*. In: Climate Change 1995 (eds Houghton J, Filho LM, Callander BA, Harris N, Kattenberg A, Maskell K) , 1996: 76 –86. Cambridge University Press, Cambridge.

[135] Schlesinger W. H. Evidence from chronosequence studies for a low carbon-storage potential of soil. Nature, 1990 (348): 232 –234.

[136] Schlesinger W. H. *Biogeochemistry: an Analysis of Global Change*. San Diego, California, USA: Academic Press, 1997.

[137] Schlesinger W. H. Carbon sequestration in soils. Science, 1999 (284): 2095.

[138] Schlesinger W. H. and Andrews J. A. Soil respiration and the global carbon cycle. Biogeochemistry, 2000 (48): 7 – 20.

[139] Schlesinger W. H. and Jones C. S. The comparative im-

portance of overland runoff and mean annual rainfall to shrub communities of the Mojave Desert. Botanical Gazette, 1984 (145): 116 – 124.

[140] Singh J. S. and Gupta S. R. Plant decomposition and soil respiration in terrestrial cosystems. Botanical Review, 1977 (3): 449 – 528.

[141] Singh S. P. , Mer G. S. , and Ralhan P. K. Carbon balance for a central Himalayan crop field soil. Pedobiologia, 1988 (32): 187 – 191.

[142] Smith V. R. Moisture, carbon and inorganic nutrient controls of soil respiration at a sub – Antarctic island. Soil Biology and Biochemistry, 2005 (37): 81 – 91.

[143] Standen V. The influence of soil fauna on decomposition by micro-organisms in blanket bog litter. Journal of Animal Ecology, 1978 (47): 25 – 38.

[144] Striegl R. G. and Wickland K. P. Effects of a clear-cut harvest on soil respiration in a jack pinc-lichen woodland. Canadian Journal of Forest Research, 1998 (28): 534 – 539.

[145] Swift M. J. , Heal O. W. and Anderson J. M. Decomposition in Terrestrial Ecosystems. University of California Press, Berkeley and Los Angeles, 1979.

[146] Swift M. J. , Izac A. - MN, Van Noordwijk M. Biodiversity and ecosystem services in agricultural landscapes—are we asking the right questions? Agriculture, Ecosystems and Environment, 2004 (104): 113 - 134.

[147] Valentini R. , Matteucci G. , Dolman A. J. , Schulze E. D. , Rehmann C. , Moor E. J. , Granier A. , Gross P. , Jensen N. O. , Pilegaard K. , Lindroth A. , Grelle A. , Bernhofer C. , Grünwald T. , Aubinet M. , Ceulemans R. , Kowalski A. S. , Vesala T. , Rannik Ü. , Berbigier P. , Loustau D. , Guómundsson J. , Thorgeirsson H. , Ibrom A. , Morgenstern K. , Clement R. , Moncrieff J. , Montagnani L. , Mincrbi S. and Jarvis P. G. Respiration as the main determinant of carbon balance in European forests. Nature, 2000 (404): 861 - 865.

[148] Vemap. Vegetation/ecosystem modeling and analysis project: comparing biogeography and biogeochemistry models in a continental-scale study of terrestrial ecosystem responses to climate-change and CO_2 doubling. Global Biogeochemical Cycling, 1995 (9): 407 - 437.

[149] Wall D. H. , Bardgett R. D. and Kelly E. F. Biodiversity in the dark. Nature *Geoscience*, 2010 (3): 297 - 298.

[150] Wall D. H. , Bradford M. A. , ST. John M. G. , Trofy-

mow J. A. , Behan – Pelletier V. , Bignell D. E. , Dangerfield J. M. , Parton W. J. , Rusek J. , Voigt W. , Wolters V. , Gardel H. Z. , Ayuke F. O. , Bashford R. , Beljakova O. I. , Bohlen P. J. , Brauman A. , Flemming S. , Henschel J. R. , Johnson D. L. Jones T. H. , Kovarova M. , Kranabetter J. M. , Kutny L. , Lin K. C. , Maryati M. , Masse D. , Pokarzhevskii A. , Rahman H. , Sabarú M. G. , Salamon J. A. , Swift M. J. , Varela A. , Vasconcelos H. , White D. and Zou X. M. Global decomposition experiment shows soil animal impacts on decomposition are climate-dependent. Global Change Biology, 2008 (14): 2661 – 2677.

[151] Wang C. , Bond – Lamberty B. , and Gower S. T. Soil surface CO_2 flux in a boreal black spruce fire chronosequence. Journal of Geophysical Research – Atmospheres, 2002, 108: art. no. 8224.

[152] Wardle D. A. Impacts of disturbance on detritus food webs in agro-ecosystems of contrasting tillage and weed management practices. Advances in Ecological Research, 1995 (26): 105 – 185.

[153] Wardle D. A. , Bardgett R. D. , Klironomos J. N. , Setälä H. , van der Putten W. H. and Wall D. H. Ecological linkages between aboveground and belowground biota. Science, 2004 (304): 1629 – 1633.

[154] Witkamp, M. Decomposition of leaf litter in relation to environment, microflora and microbial respiration. Ecology, 1966 (47): 194 – 201.

[155] Xu M. and Qi Y. Spatial and seasonal variations of Q_{10} determined by soil respiration measurements at a Sierra Nevada Forest. Global Biogeochemical Cycles, 2001 (15): 687 – 696.

[156] Yeates G. W. Nematodes as soil bioindicators: Functional and biodiversity aspects. Biology and Fertility of Soils, 2003 (37): 199 – 210.

[157] Yu Q. , Chen Q. , Elser J. J. , He N. , Wu H. , Zhang G. , Wu J. , Bai Y. and Han X. Linking stoichiometric homoeostasis with ecosystem structure, functioning and stability. Ecology Letters, 2010 (13): 1390 – 1399.

[158] Zhang W. , Parker K. M. , Luo Y. , Wan S. , Wallace L. L. and Hu S. Soil microbial responses to experimental warming and clipping in a tall grass prairie. Global Change Biology, 2005 (11): 266 – 277.

[159] Zhao Z. M. , Zhao C. Y. Yilihamu Y. , Li J. Y. and Li J. Contribution of root respiration to total soil respiration in a cotton field of Northwest China. Pedosphere, 2013, 23 (2): 223 – 228.

［160］Zogg G. P. , Zak D. R. , Ringelberg D. B. , MacDonald N. W. , Pregitzer K. S. and White D. C. Compositional and functional shifts in microbial communities due to soil warming. Soil Science Society of America Journal, 1997 (61) : 475 – 481.

后　记

　　本书由国家自然科学基金（31670619，41101048）、黑龙江省留学归国人员科学基金（LC2018011）、哈尔滨师范大学研究生培养质量提升工程项目共同资助，特致殷切谢意。

　　衷心感谢哈尔滨师范大学地理科学学院张雪萍教授给予我的关怀与指导，张教授在学习上和生活上给予我很大的帮助和支持，不仅教会了我如何学习，更言传身教的教会我如何做人，为我创造了良好的学习和工作条件，对我给予充分的信任和锻炼的机会，使我在学业上有了很大的提高。本书从选题、实验设计、野外调查、室内试验、内容分析和结果讨论到撰写，都得到了张雪萍教授的精心指导和悉心批阅。张教授严谨治学的态度、一丝不苟的科研精神和科学上精益求精的工作作风，创新求实的学术观点、缜密的思维，以及平等、充满启发性的交流极大地拓宽了我的思路，她实事求是、乐观进取的人生态度以及对我耐心的教导，一直深深地影响我、鼓励我，使我受益终生。在这里，要对对我悉心教导和关怀的张雪萍教授致以衷心的感谢。

在野外测定过程中，感谢帽儿山森林生态系统国家野外科学观测研究站全体工作人员给予我的支持和帮助；感谢李娜、王琳等同学的鼎力相助。

感谢家人给予我的大力支持！感谢哈尔滨师范大学地理科学学院领导和老师们的关心和支持！感谢所有帮助过我的人们！